Florian Liehr

Brennstoffzellen-Heizgeräte im Bremer Haus

Eine Wirtschaftlichkeitsanalyse moderner Kraft-Wärme-Kopplung im Gebäudebestand

Diplomica Verlag GmbH

Liehr, Florian: Brennstoffzellen-Heizgeräte im Bremer Haus: Eine
Wirtschaftlichkeitsanalyse moderner Kraft-Wärme-Kopplung im Gebäudebestand.
Hamburg, Diplomica Verlag GmbH 2013

Buch-ISBN: 978-3-8428-9491-4
PDF-eBook-ISBN: 978-3-8428-4491-9
Druck/Herstellung: Diplomica® Verlag GmbH, Hamburg, 2013

Bibliografische Information der Deutschen Nationalbibliothek:
Die Deutsche Nationalbibliothek verzeichnet diese Publikation in der Deutschen
Nationalbibliografie; detaillierte bibliografische Daten sind im Internet über
http://dnb.d-nb.de abrufbar.

Das Werk einschließlich aller seiner Teile ist urheberrechtlich geschützt. Jede Verwertung
außerhalb der Grenzen des Urheberrechtsgesetzes ist ohne Zustimmung des Verlages
unzulässig und strafbar. Dies gilt insbesondere für Vervielfältigungen, Übersetzungen,
Mikroverfilmungen und die Einspeicherung und Bearbeitung in elektronischen Systemen.

Die Wiedergabe von Gebrauchsnamen, Handelsnamen, Warenbezeichnungen usw. in
diesem Werk berechtigt auch ohne besondere Kennzeichnung nicht zu der Annahme,
dass solche Namen im Sinne der Warenzeichen- und Markenschutz-Gesetzgebung als frei
zu betrachten wären und daher von jedermann benutzt werden dürften.

Die Informationen in diesem Werk wurden mit Sorgfalt erarbeitet. Dennoch können
Fehler nicht vollständig ausgeschlossen werden und die Diplomica Verlag GmbH, die
Autoren oder Übersetzer übernehmen keine juristische Verantwortung oder irgendeine
Haftung für evtl. verbliebene fehlerhafte Angaben und deren Folgen.

Alle Rechte vorbehalten

© Diplomica Verlag GmbH
Hermannstal 119k, 22119 Hamburg
http://www.diplomica-verlag.de, Hamburg 2013
Printed in Germany

Abstract

Das Brennstoffzellen-Heizgerät wird generell im Kontext globaler Erwärmung, steigenden Energiekosten und zur Neige gehenden Energieträgern als dezentrale, effiziente und emissionsarme Technik beschrieben. Es stellt sich die Frage, ob dieser Fortschritt in Bremer Häusern wirtschaftlich einsetzbar ist. Die Beurteilung der Wirtschaftlichkeit der Brennstoffzellen-Heizgeräte im Bremer Haus stellt sich allerdings aktuell als schwierig heraus. Einflussfaktoren, wie Gerätepreis und zukünftige Vergütungen sind noch sehr unsicher, da sich die Produktion der Geräte noch im Entwicklungsstatus und in der Testphase befindet. Dennoch wird hier eine Wirtschaftlichkeitsanalyse auf Basis der Annuitätenmethode durchgeführt, die untersucht, ob eine alternative Kraft-Wärme-Kopplung auf Brennstoffzellenbasis zur Wärme- und Stromversorgung, im Vergleich zur konventionellen Technik, eine wirtschaftlich vorteilhafte Lösung ist. Von zentraler Bedeutung stellen sich hierbei die Anschaffungskosten und die Nutzungs- und Einspeisevergütung des selbstproduzierten Stroms heraus. Großes Potenzial steckt bei Bestandsgebäuden immer in Sanierungsmaßnahmen, die zur Reduktion des Heizwärmebedarfs führen und damit die Wirtschaftlichkeit positiv beeinflussen.

The fuel heating appliance is generally described in the context of global warming, rising energy costs and depletion of energy sources as a decentralized, efficient and low-emission technology. This raises the question whether this progress can be used economically in Bremer Houses. The assessment of the profitability of fuel cell heating appliances in the Bremer House currently turns out to be difficult. Factors involved, such as equipment price and future payments are still very uncertain because the manufacture of the devices are still under development status and in the test phase. Nevertheless, a profitability analysis based on the annuity method is performed here which investigates whether an alternative combined heat and power based on fuel cells for heat and power compared to conventional technology is an economically advantageous solution. Of central significance are the costs and the payments for the self-produced electricity. Great potential for existing buildings lies still in rehabilitation leading to the reduction of heat demand and thus affect the profitability positively.

Inhaltsverzeichnis

1. Einleitung 9
2. Problemstellung und Einordnung der Studie 10
3. Untersuchungsthesen 12
4. Untersuchungsmethode 13
    4.1. Empirische Erhebung 15
    4.2. Kurzverfahren Energieprofil 17
    4.3. Einordnung der Wirtschaftlichkeitsberechnung 18
        4.3.1. Kosten der eingesparten Kilowattstunde Energie 19
        4.3.2. Annuitätenmethode 20
5. Theoretischer Hintergrund 22
    5.1. Dezentrale Energieversorgung durch BZH 22
    5.2. Energetisches Sanieren 24
    5.3. Rechtliche Rahmenbedingungen 26
    5.4. Fördermittel 28
    5.5. Brennstoffzellen-Heizgeräte (BZH) – Funktion und Kosten 30
    5.6. Bremer Haus als Einsatzobjekt für BZH 33
        5.6.1. Bremer Haus, Typ 1 (BH1) 35
        5.6.2. Bremer Haus, Typ 2 (BH2) 36
        5.6.3. Bremer Haus, Typ 3 (BH3) 37
        5.6.4. Bremer Haus, Typ 4 (BH4) 38
    5.7. Potenziale virtueller Kraftwerke – eine Aussicht 39
6. Bilanzierung / Wirtschaftlichkeit 40
    6.1. Erklärung der Datenberechnung 40
    6.2. Bedarfskalkulation 45
    6.3. Annuitäten-Methode 50
    6.4. Kosten der eingesparten Kilowattstunde Energie 56
    6.5. Sensitivitätsanalyse 57
7. Auswertung der Ergebnisse und Handlungsempfehlung 64
8. Fazit 68
Literaturverzeichnis 71
Abbildungsverzeichnis 75
Anhang 77

1. Einleitung

Ziel dieser Untersuchung ist es zu analysieren, für welchen Typ Bremer Haus ein auf Kraft-Wärme Kopplung basierendes Brennstoffzellen-Heizgerät (BZH) ökonomisch, unter Berücksichtigung entsprechender energetischer Sanierungsmaßnahmen, geeignet ist. Dabei werden vier Typen des Bremer Hauses mit einer Umrüstung auf BZH untersucht, die sich in ihrer Wohngröße unterscheiden. Die Auswahl der Häusertypen findet auf Basis einer von Axel Vos (2004) durchgeführten Typisierung statt. Diese vier Typen werden jeweils mit konventionellen, etablierten Heiz- und Wärmeanlagen verglichen. Es werden vier Analyseschritte durchgeführt. Erstens die Erstellung von Energiebilanzen der Häusertypen, zweitens die Ermittlung der Energieverbrauchs- und Energiekostenwerte, drittens eine Wirtschaftlichkeitsanalyse auf Basis der Annuitätenmethode und viertens eine Sensitivitätsanalyse zur Ermittlung relevanter Einflussfaktoren. Die Optimierungsmöglichkeit der Anlagenkopplung, also das Betreiben von einer Anlage für zwei Bremer Häuser bzw. dem Betreiben von so genannten virtuellen Kraftwerken, welche beim Einsatz von Brennstoffzellen-Heizgeräten oft in Betracht genommen wird, soll als Teilaspekt betrachtet werden. Ziel und Ergebnis der vergleichenden Untersuchung soll eine nachvollziehbare Handlungsempfehlung für Hausbesitzer sein, ob der Kauf und der Einsatz von BZH-Anlagen eine adäquate Lösung bzw. Alternative sein kann, wirtschaftlich sinnvoll Strom zu erzeugen und zu heizen.

Die Ausgangslage, auf der meine Forschungsmotivation beruht, ist die, dass die Neueinführung der BZH-Anlagen auf Einfamilienhäuser konzipiert ist. Es stellt sich die Frage, ob das Bremer Haus in seiner Bauweise eine prädestinierte Objektform für BZH-Anlagen darstellt. Die Tatsache, dass die Häuser baulich gesehen direkt aneinander liegen, macht sie unter Umständen dafür geeignet, ein sogenanntes virtuelles Kraftwerk gemeinsam zu betreiben. Gleichzeitig kann die Bauweise des Bremer Hauses auch ein Hemmnis für den Einsatz darstellen, als dass notwendige Sanierungsmaßnahmen, die den Heizwärmebedarf senken, durch Bauweise und Denkmalschutz nicht möglich sind bzw. nur eingeschränkt umsetzbar sind.

2. Problemstellung und Einordnung der Studie

Die Stadtentwicklung wird aktuell geprägt und beeinflusst durch die nachhaltige Energieversorgung. Als zentrales Thema von Einsparpotenzialen und Effizienzsteigerungsmaßnahmen werden die energetischen Sanierungen von Altbauten und die energetischen Richtlinien gesehen. Die Kraft-Wärme-Kopplung (KWK) stellt sich im Bereich Energieeffizienz mit Wirkungsgraden von teilweise über 90 % als besonders interessant dar. Um neben der erzeugten Energie und Wärme die Überschüsse ins Netz einspeisen zu können, werden dezentrale Versorgungsstrukturen ausgebaut. Der Ausbau solcher Strukturen ist wichtig für die Etablierung von dezentraler Versorgung durch Kraft-Wärme-Kopplung, da Einspeisung und kurzfristiger Energiebezug vom Netz Voraussetzung für den wirtschaftlichen Einsatz und vollständige Bedarfsdeckung ist (siehe Kapitel 5.1).

Das Brennstoffzellen-Heizgerät (BZH) stellt sich aktuell als zukunftsfähige Technologie der Energie- und Wärmeversorgung für Einfamilienhäuser heraus (vgl. Jungbluth, 2006, S.1). Die Markteinführung ist für 2012 geplant und die zurzeit laufenden Praxistests untersuchen das BZH auf eine als lohnenswert zu beurteilende Amortisationszeit. Grundsätzlich stellt sich die Schwierigkeit der noch nicht erfolgten Markteinführung dar. Die zurzeit noch sehr teuren Brennstoffzellenstacks (die Zellstapel der Brennstoffzellen) werden immer weiter entwickelt und erst eine große Produktion der Elemente kann die Markteinführung wirtschaftlich und möglich machen. Ebenso ist eine genaue Prognose der Energiepreisentwicklung, der Subventionsentwicklung und den Bedarfsstrukturen schwer voraussehbar. Es findet in der Untersuchung also eine Vielzahl von Abschätzungen der Preise statt, was bei der Ergebnisinterpretation immer zu berücksichtigen ist. Die Anwendung der dynamischen Methode der Annuitätenanalyse erfordert eine genaue Festlegung von Werten, um die Entwicklung für den Betrachtungszeitraum zu bestimmen. Es ist also von vornherein festzulegen, dass die Ergebnisse auf teilweise geschätzten Werten basieren und demnach eine richtungsweisende Hilfestellung für Entscheidungen darstellen, in keinem Fall jedoch als klarer Entscheidungsfaktor gesehen werden können. Diese Untersuchung dient als grundsätzliche Antwort auf die Frage, wie sich die betrachteten Einflussfaktoren beim Bremer Haus auf die Wirtschaftlichkeit von Brennstoffzellen-Heizgeräten auswirken. Ein positives Ergebnis soll den Hausbesitzer also dazu ermutigen sich mit einer energetischen Bewertung und einer individuellen Analyse seines Hauses in Bezug auf den Einsatz von BZH auseinanderzusetzen und in Betracht zu ziehen.

3. Untersuchungsthesen

Im Zuge der Studie sollen Thesen untersucht werden, die mit Hilfe der Literaturrecherche aufgestellt wurden. Dabei handelt es sich um Thesen in Bezug auf die Wirtschaftlichkeit des Einsatzes von Brennstoffzellen-Heizgeräten.

1. Ein Brennstoffzellen-Heizgerät kann alle vier zu untersuchenden Typen des Bremer Hauses im Jahresmittel vollständig mit Strom versorgen.

2. Ein Brennstoffzellen-Heizgerät kann alle vier zu untersuchenden Typen Bremer Haus im Jahresmittel vollständig mit Heiz- und Warmwasserwärme versorgen.

3. Das BZH ist nach einer Bewertung der vier Gebäudetypen durch das Kurzverfahren Energieprofil und die Annuitätenmethode ökonomisch sinnvoller als die zu vergleichende konventionelle Versorgung von Strom und Wärme.

4. Die Wirtschaftlichkeit der Brennstoffzellen-Heizgeräte steigt mit zunehmender Gebäudegröße. Für die Gebäude BH1 und BH2 ist keine Wirtschaftlichkeit gegeben, wohingegen BH3 und BH4 sich als wirtschaftlich herausstellen.

5. Die Wirtschaftlichkeit der Brennstoffzellen-Heizgeräte ist in großem Maße von den Investitionskosten abhängig.

4. Untersuchungsmethode

Um die Einordnung des Szenarios Brennstoffzellen-Heizgerät im Bremer Haus, mit möglichem Einsatz virtueller Kraftwerke durch Anlagenkopplung, in die aktuelle Diskussion zum generellen Einsatz von Blockheizkraftwerken und dezentraler Energieversorgung vornehmen zu können und anschließend auch zu bewerten, ist eine umfangreiche methodische Forschung von Nöten.

Als Herangehensweise und angewandte empirische Methoden werden folgende Schritte durchgeführt:

- Literatur-, sowie Internetrecherche, Expertenbefragung
- Die Befragung von Hauseigentümern zur Gewinnung der relevanten Daten zur Erstellung der Energieprofile der Häusertypen,
- Erstellung von Bedarfsabschätzungen, der Energiekosten und Einspeisevergütungen,
- Die dynamische Wirtschaftlichkeitsanalyse mit Hilfe der Annuitätenmethode
- Sensitivitätsanalyse zur Abschätzung der Einflussfaktoren

Die qualitativen Befragungen von Experten aus den Bereichen Energiewirtschaft, Gebäudesanierung, Energiegutachten sowie Gespräche mit Hauseigentümern sollen die relevanten Informationen für die Einordnung des Themas in die aktuelle wissenschaftliche Diskussion bringen. Als Gegenstand der Befragung wird das Forschungsproblem, also die potenzielle Etablierung von Brennstoffzellen-Heizgeräten in Bremer Häusern als Energie- und Wärmelieferant, betrachtet. Dabei sollen Einschätzungen der Experten als Hilfestellung dienen das Thema und die Bearbeitung zu konkretisieren. Die Recherche hat gezeigt, dass entsprechende energetische Sanierungen der Wohngebäude nötig sind, um eine ökonomisch sinnvolle Nutzung von Brennstoffzellen-Heizgeräten zu ermöglichen. Daher wird bei der Untersuchung eine, wie eben erwähnt, energetische Sanierung des Bremer Hauses vorausgesetzt. Es wird ein durchschnittliches Energieprofil für die Häusertypen erstellt, um grundsätzliche Handlungsempfehlungen zu geben.

Die Herangehensweise an die Untersuchung der Fragestellung erfolgt in verschiedenen Phasen. (Phase 1) Aufbauend auf einem Forschungsexposé wird das Forschungsproblem noch einmal deutlich formuliert, die wissenschaftliche Literatur gesichtet und Untersuchungsthesen aufgestellt. (Phase 2) Bei der Weiterentwicklung und Konstruktion der Fragebögen (Erhebungsinstrument) auf Basis des Kurzverfahrens Energieprofil (Kapitel 4.1) werden die Begriffe genauer definiert und das Konzept im Detail erarbeitet. Die Untersuchungsebene und das Untersuchungsdesign werden in der exakten Ausarbeitung der Befragung festgelegt. Die schon mit ca. 30-40 (Stichprobenumfang) zu befragende festgelegte Population muss genau definiert werden. Dabei sollen möglichst unterschiedliche Hauseigentümer befragt werden, sowie ein möglichst breites Spektrum des zu untersuchenden Feldes abgedeckt werden. Sobald der Fragebogen genau definiert und festgelegt ist, muss ein Pretest, also ein Test des Erhebungsverfahrens, durchgeführt werden. Ist dieser Test positiv verlaufen, erfolgt der nächste Schritt (Phase 3).

Die Datenerhebung durch die schriftlichen Fragebögen wird in methodischer Form als Befragung an der Tür durchgeführt. Neben der Durchführung der Befragung findet die Beschaffung der weiteren relevanten Daten für die Annuitätenmethode statt. Anschließend erfolgt (Phase 4) der Aufbau eines analysefähigen Datenfiles, wobei eine Fehlerkontrolle, –korrektur und -bereinigung stattfindet. Es wird eine Aufarbeitung der Daten entwickelt, was zur statistschen Datenanalyse verwendet wird und anhand dessen die in Phase 1 entwickelten Untersuchungsthesen überprüft werden. Die Datenanalyse erfolgt in Form von Excel-Tabellen welche die Daten beinhalten, die zuvor gesammelt und archiviert wurden. Anhand dieser Datenanalyse wird eine Zusammenhangsanalyse mit Hilfe der Sensitivitätsanalyse durchgeführt.

Abschließender Teil der Studie (Phase 5) wird die in Textform durchgeführte Aufarbeitung der Forschungsergebnisse sein und es findet die Verknüpfung der empirischen und statistischen Daten statt. Es wird als Ergebnis eine praktische Umsetzung der gewonnenen Daten in Form von Handlungsempfehlungen für den Einsatz von Brennstoffzellen-Heizgeräten im Bremer Haus geben (vgl. Diekmann, 2006, S.166f).

4.1. Empirische Erhebung

Als empirische Methode zur Ermittlung durchschnittlicher Energiebedarfswerte für die Warmwasser- und Heizenergiebereitstellung, wurde das in Kapitel 3.2 genauer erklärte *Kurzverfahren Energieprofil* von Loga et al., 2005 gewählt. Mit Hilfe des Fragebogens (siehe Anhang) wurden entweder direkt an der Haustür oder durch Abgabe und späteres Abholen des Fragebogens etwa sechs bis zehn Bögen pro Typ Bremer Haus ausgefüllt und ausgewertet. Mittels der Daten wurden Mittelwerte der relevanten Daten und feste Eigenschaften der Häuser festgelegt. Diese sind zur Berechnung des Gesamtheizwärmebedarfs, also des Energiebedarfs für die Heizung und Bereitstellung von Warmwasser, in der Wirtschaftlichkeitsanalyse nötig. Daraus entstehen die Energieprofile der Häusertypen, welche in Kapitel 5.6.1 ff. beschrieben werden. Auf Grundlage dieser Profile wird mit dem von Loga et al., 2005 entwickelten Kurzverfahrens die Berechnung durchgeführt.

Die anonymisierten Ergebnisse der durchgeführten Befragung sind im Folgenden tabellarisch aufgeführt. Die daraus abgeleiteten Durchschnittswerte werden in Kapitel 5.6 ff. zusammengefasst. Da es bei der Kategorie „Energieverbrauch laut der letzten Abrechnung" zu wenig Antworten bzw nicht nachvollziehbare Nennungen gibt, stützen diese Zahlen sich auf Studien zu Durchschnittsverbräuchen in Bremen (vgl. Techem, 2003). Ebenso werden Fenstereinbau und Dämmung pauschal genannt, da energetische Maßnahmen, wie in der Einleitung definiert, als Voraussetzung gegeben sind.

BH1	1	2	3	4	5	6
Baujahr	1905	1896	1913	1902	1890	1900
Wohnfläche (m²)	58	55	64	60	55	65
Dach	u.	u.	t.b.	u.	u.	u.
Heizung	K.E.	K.H.	K.E.	K.E.	K.E.	K.E.
Warmwasser	kmZ.	kmZ.	kmZ.	kmZ.	z.G.	z.G.

Tabelle 1: Empirische Befragung BH1

BH2	1	2	3	4	5	6	7	8	9	10
Baujahr	1912	1913	1913	1899	1890	1881	1919	1904	1903	1910
Wohnfläche (m²)	120	115	100	118	180	160	150	k.A.	188	160
Dach	u.	u.	t.b.	t.b.	u.	t.b	v.b.	t.b.	u.	v.b.
Keller	u.	t.b.	t.b.	u.	v.b.	v.b.	v.b.	t.b	v.b.	t.b.
Heizung	K.E.	K.E.	K.H.	K.E.	K.E.	k.A.	K.H.	K.E.	k.A.	K.E.
Warmwasser	kmZ.	z.G.	kmZ.	kmZ.	z.G.	k.A.	kmZ.	kmZ.	k.A.	kmZ.

Tabelle 2: Empirische Befragung BH2

BH3	1	2	3	4	5	6	7	8	9
Baujahr	1910	1890	1913	1900	1891	1907	1915	1894	1895
Wohnfläche (m²)	230	246	210	283	245	k.A.	290	203	250
Dach	n.b.	v.b.	t.b.	v.b.	n.b.	v.b.	v.b.	n.b.	t.b.
Keller	v.b.	u.	t.b.	v.b.	v.b.	t.b.	v.b.	v.b.	v.b.
Heizung	W.B.	W.B.	k.A.	W.B.	W.B.	W.B.	W.B.	k.A.	W.B.
Warmwasser	G.D.	G.E.	k.A.	G.E.	G.D.	G.E.	G.D.	k.A.	G.E.

Tabelle 3: Empirische Befragung BH3

BH4	1	2	3	4	5	6	7	8
Baujahr	1900	1918	1889	1912	1898	1900	1911	1912
Wohnfläche (m²)	312	360	k.A.	390	355	373	325	k.A.
Dach	t.b.	t.b.	t.b.	v.b.	t.b.	v.b.	t.b.	v.b.
Keller	v.b.	v.b.	v.b.	v.b.	t.b.	v.b.	t.b.	v.b.
Heizung	W.B.	W.B.	k.A.	W.B.	W.B.	W.B.	W.B.	k.A.
Warmwasser	G.E.	G.E.	G.E.	G.E.	G.E.	G.D.	G.E.	G.E.

Tabelle 4: Empirische Befragung BH4

Abkürzungen:
- u. = unbeheizt
- t.b. = teilweise beheizt
- v.b. = voll beheizt
- K. E. = Kessel oder Therme mit Erdgas
- K.H. = Kessel oder Therme mit Heizöl
- W.B. = Wohnungsweise Beheizung
- kmZ. = kombiniert mit Zentralheizung
- z.G. = zentraler Gas-Speicherwasserwärmer
- G.D. = Gas-Durchlauferhitzer
- G.E. = Gas-Etagenheizung
- k.A. = keine Angabe

4.2. Kurzverfahren Energieprofil

Die energetische Bewertung dieser Typen des Bremer Hauses findet mit Hilfe eines vereinfachten, statistisch jedoch abgesicherten Verfahrens zur Erhebung von Gebäudedaten für die energetische Bewertung von Gebäuden statt. Das „Kurzverfahren Energieprofil" (Loga et al., 2005) wurde gewählt, da es eine schnelle, aber dennoch relativ ergebnisgenaue Untersuchung ermöglicht, die sich für diese Forschungsfrage gut eignet.

Bei diesem Kurzverfahren Energieprofil wird bei den vom Institut für Wohnen und Umwelt durchgeführten Berechnungen auf einen zuvor erhobenen Datensatz von 5551 untersuchten Gebäuden zurückgegriffen. Der Gesamtdatensatz wurde einem Plausibilitätstest unterzogen wonach sich eine Menge von n=4016 Gebäuden als verwertbarer Bestand ergibt. Die Daten dieser Gebäude werden für Durchschnittswerte genutzt, welche in dem Kurzverfahren eingesetzt werden, um Daten für das neue Energieprofil mit einer Standardabweichung von 15 % (bezogen auf den durch die Realflächen beeinflussten Transmissionswärmeverlust) zu ermitteln (vgl. Loga et al., 2005,S 3f). Durch diese Durchschnittswerte können, selbst bei geschätzten Angaben der Gebäudeinhaber, sinnvoll nutzbare Ergebnisse erzielt werden.

Die ermittelten Daten basieren auf einer in drei Abschnitte aufgeteilte Befragung der Hauseigentümer.

Der erste Abschnitt der Befragung ist das *Flächenschätzverfahren*. Hierbei wird mit Hilfe von wenigen Daten die Abschätzung der Bauteilflächen wie Außenwand, Fenster und Dach durchgeführt. Diese Methode ermöglicht es mit einer für diese Untersuchung ausreichenden Genauigkeit den Heizwärmebedarf zu ermitteln (vgl. Loga et al., 2005, S. I – 1). Da genaue Messverfahren für exakte Flächenbestimmungen im Zuge dieser Untersuchung nicht geleistet werden können ist die Anwendung dieses Schätzverfahrens gewählt worden.

Der zweite Abschnitt nimmt eine Bewertung der thermischen Hülle des Wohngebäudes vor. Mit wenigen vom Besitzer angegebenen Werten zu nachträglich angebrachten Dämmungen und Angaben zur Konstruktionsart sowie Angaben zu den Fenstern, kann ein Pauschalwert für den Wärmedurchlasskoeffizienten (U-Wert) ermittelt werden. Dabei wird auf die U-Werte des Datenbestandes zurückgegriffen und mit

Hilfe einer Formel auf das untersuchte Gebäude übertragen bzw. angepasst (vgl. Loga et al., 2005, S.II – 1).

Der dritte Teil des Verfahrens beurteilt die Qualität der Heizungstechnik auf Basis von Pauschalwerten für Teilsysteme, die mit Hilfe des Fragebogens kombiniert und entsprechend des Untersuchungsgegenstandes angepasst werden können. Die Anlagenkonfiguration wird durch detaillierte Angaben zum Heizsystem und der Warmwasserbereitung vorgenommen. Genaue energetische Kenndaten für eine entsprechende Szenarioberechnung können in das Formular zur nachträglichen Untersuchung bzw. einem Vergleich der Technologien eingegeben werden (vgl. Loga et al., 2005, S.III -1).

4.3. Einordnung der Wirtschaftlichkeitsberechnung

Die Wirtschaftlichkeit von Brennstoffzellen-Heizgeräten stellt sich neben technischer Effizienz und ökologisch maßvollem Einsatz von Energie, als maßgeblicher Faktor des Entscheidungsprozesses für oder gegen ein BZH als Strom- und Wärmeversorgungstechnologie dar. Um aber die Wirtschaftlichkeit als entscheidenden Faktor für die in dieser Studie auszuarbeitende Handlungsempfehlung herauszustellen, müssen andere, in der Literatur ebenfalls als relevant geltende Aspekte, ausgeschlossen werden. Bei den auszuschließenden Faktoren handelt es sich um:

- Marketing- und Imagevorteile
- Umweltverträglichkeit
- Komfortverbesserung und geringerer Wartungsaufwand (vgl. Jangnow et al., 2002, S.2)

Diese Faktoren sind im Allgemeinen im Zuge von Investitionsentscheidungen relevant, in dieser Untersuchung jedoch nicht, da es sich um eine rein ökonomisch ausgerichtete Analyse handelt.

Bei Wirtschaftlichkeitsberechnungen muss für zukünftige Aussagen immer betrachtet werden, dass die Werte mit einer gewissen Unsicherheit behaftet sind, was mit der Entwicklung der Energie- und Anlagepreise sowie Wartungskosten verknüpft ist. Kann durch die Berechnung allerdings kein eindeutiger betriebswirtschaftlicher Vorteil für zukünftige Investitionen aufgezeigt werden, muss auf die oben ausgeschlossenen Faktoren als Entscheidungshilfe zurückgegriffen werden.

Die Besonderheit der Wirtschaftlichkeitsuntersuchung von energietechnischen Anlagen wie das BZH ist, dass keine direkten Gewinne erzielt werden, sondern immer nur der Vergleich von Kosten und Einsparungen von Kosten vorgenommen werden kann. Die Berechnung von der Wirtschaftlichkeit von BZH als Neuinvestition muss also im Vergleich zum Einsatz von konventionellen Technologien durchgeführt werden, um Vor- und Nachteile, Kostensenkungen und Kostensteigerungen sichtbar zu machen (vgl. Jagnow et al., 2002, S.3). Da diese Untersuchung auf die Selbstversorgung und Einspeisung von Überschüssen von Hauseigentümern ausgerichtet ist, werden hier die absoluten annuitätischen Kostenvorteile betrachtet und bewertet.

4.3.1. Kosten der eingesparten Kilowattstunde Energie

Neben der im nächsten Kapitel beschriebenen Annuitätenmethode zur Bewertung des annuitätischen Kostensenkungsgewinnes oder Kostensenkungsverlustes, kann auch das Beurteilungskriterium der Kosten der eingesparten kWh Energie herangezogen werden (Enseling, 2003, S.5). Dabei wird der Wert errechnet, der sich aus der Division der annuitätischen Kosten und der jährlich eingesparten Energie ergibt. Dieser Wert wird mit einem, in Abhängigkeit der zukünftigen Energiepreisentwicklung und dem Betrachtungszeitraum stehenden, errechneten mittleren Energiepreis verglichen. Ist also der Preis der eingesparten kWh Energie kleiner als der des zukünftigen mittleren Energiepreises, ist die Investition als wirtschaftlich zu bewerten. Dabei ist zu beachten, dass nicht von einem konstant bleibenden Energiepreis auszugehen ist. Gerade bei langfristigen Investitionen ist diese Tatsache entscheidungsrelevant. „Politische Rahmenbedingungen wie z.B. Energiesteuern oder Energiezertifikate werden in Zukunft zu einer Steigerung der Energiepreise führen" (Enseling, 2003, S.6). Die Preissteigerung sollte daher immer größer „oder zumindest gleich der allgemeinen Inflationsrate ausfallen" (Enseling, 2003, S.6). Ein Vorteil dieses Berechnungs- und Beurteilungsverfahrens ist, dass der unsichere Faktor der Energiepreissteigerung nur im mittleren zukünftigen Energiepreis enthalten und daher leicht variierbar ist. Das Beurteilungskriterium *Kosten der eingesparten kWh Energie* ist also besonders dann sinnvoll, wenn die Einsparungen dem Investor direkt zu Gute kommen, wie bei einer Investition im selbstgenutzten Gebäudebestand. Problematisch wird es allerdings dann, wenn unterm Strich zwar ökonomische Vorteile nach einer Investition bestehen, aber die Summe der verbrauchten Energie absolut nicht geringer wird. Das kann beispielsweise bei einer Umschichtung des genutzten Energieträgers von Strom auf Erdgas der Fall sein (mehr dazu in Kapitel 8.4).

4.3.2. Annuitätenmethode
Die Annuitätenmethode als Vorteilhaftigkeitsentscheidung für Investitionen ist ein Modell, welches hinsichtlich der Zielgröße „Annuität" ausgewertet wird.

„Eine Annuität ist eine Folge gleich hoher Zahlungen, die in jeder Periode des Betrachtungszeitraumes anfallen." (Götze, 2006, S.93)

Dabei wird der Betrag errechnet, der bei einer langfristigen Investition pro Periode (Jahr) zu entrichten ist. Der Betrachtungszeitraum entspricht der Nutzungsdauer des zu untersuchenden Brennstoffzellen-Heizgerätes. Da in dieser Untersuchung eine Nutzungsdauerdifferenz der Geräte, also der konventionellen Versorgungseinheit und des BZH zu beachten ist, muss eine modifizierte Form der Annuitätenmethode angewandt werden. Es wird bei beiden Vergleichssystemen von einer festen Laufzeit von 15 Jahren ausgegangen, unabhängig vom Alter der konventionellen Anlage. Ein potenzieller Austausch der konventionellen Anlage zu einem späteren Zeitpunkt wird in dieser Untersuchung nicht berücksichtigt. Verglichen werden ein aktueller Einbau eines BZH mit 15 Jahren Laufzeit und ein fortlaufender Einsatz der konventionellen Technik mit einer gleichen Laufzeit.

Die Annuitätenmethode ähnelt sehr der Kapitalwertmethode, unterscheidet sich jedoch in der Ermittlung des Erfolgs (vgl. Olfert und Reichel, 2006, S.230). Die Kapitalwertmethode ermittelt den Totalerfolg, wohingegen die Annuitätenmethode den Periodenerfolg berechnet, indem sie sich auf die jährlichen Einzahlungen bezieht und diese den durchschnittlichen jährlichen Auszahlungen gegenüberstellt (Olfert und Reichelt, 2006, S.231). Damit kann beurteilt werden, ob eine Vorteilhaftigkeit eines neuen Objektes gegenüber eines alten Objektes gegeben ist.

Im Falle dieser Untersuchung, die den Einsatz eines Brennstoffzellen-Heizgerätes als Neuinvestition dem Einsatz konventioneller Strom- und Wärmeversorgung über 15 Jahre gegenüberstellt, spielen folgende Werte eine Rolle:

- Betrachtungszeitraum
- Kalkulationszinssatz
- Preissteigerung für Energie und Wartung
- Investitionskosten
- Zuschüsse
- Energiepreise für Strom und Erdgas
- Energiebedarf

Diese Werte müssen ermittelt und berechnet werden, was mit Hilfe eigener Berechnungsmethoden und bereits erarbeiteten Methoden erfolgt. Die Annuitätenmethode wird auf Grundlage der in Kapitel 6.2 beschriebenen Bedarfskalkulation und der vom Institut für Wohnen und Umwelt entwickelten Excel Kalkulationstabelle „Wirtschaftlichkeitsnachweis - Rechenblatt zur Berechnung der Wirtschaftlichkeit von zwei Investitionsalternativen" (Anhang 4) durchgeführt. Der Anhang beinhaltet die erarbeiteten Tabellen für alle Investitionsmodelle der Bremer Häuser mit unterschiedlichen Kosten für die Brennstoffzellen-Heizgeräte. Erläuterungen zu den Berechnungen und Ergebnissen folgen in Kapitel 6.

5. Theoretischer Hintergrund

5.1. Dezentrale Energieversorgung durch BZH

Während bei der Energiediskussion oft nur die Stromversorgung im Fokus steht und Themen wie etwa Atomkraft und Braunkohle zur Stromerzeugung öffentlich diskutiert werden, ist der Wärmemarkt als eher untergeordnetes Thema einzuordnen. „Das es in der Wohnung, im Büro oder beim Einkaufen warm ist, ist für die meisten Deutschen eine Selbstverständlichkeit" (Kristof und Hanke, 2005, S.155). Wird allerdings die Versorgung der Haushalte mit Strom und Wärme durch ein dezentrales System betrachtet, rückt die Wärmeversorgung als gleichwertiges Problemfeld in den Vordergrund. Denn bei der Umwandlung chemischer Energie in elektrische Energie mit Hilfe eines Brennstoffzellen-Heizgerätes wird immer auch Wärme produziert, welche zu großen Teilen genutzt wird. Durch diese Verlustminimierung lassen sich hohe Gesamtwirkungsgrade realisieren (vgl. Droste-Franke et al., 2009, S.43).

Damit ist das BZH im Kontext der Energie- und Wärmeversorgung mit dezentraler Kraft-Wärme-Kopplung als eine der dezentralsten Mikro-Energieerzeugungseinheiten anzusehen. Um einzuordnen wann eine Einheit zentral oder dezentral ist, wird der Dezentralitätsbegriff durch Pehnt et al., 2006 folgendermaßen definiert:

„[...] This is what we call micro cogeneration which we define as the simultaneous generation of heat, or cooling, energy and power in an individual building, based on small energy conversion units below 15 kW_{el}." (Pehnt et al., 2006, S.1)

Als Schlussfolgerung muss festgehalten werden, dass Anlagen mit einer Leistung von mehr als 15 kW_{el} als zentral anzusehen sind. Da die Brennstoffzellen-Heizgeräte für Einfamilienhäuser deutlich unter 15 kW_{el} Leistung liegen, sind sie in dieser Studie grundsätzlich als dezentral anzusehen (vgl. Stelter, 2008, S.29).

Von der Primärenergie zur letztendlichen Nutzenergie gehen bei konventioneller, zentraler Energieversorgung rund zwei Drittel der Energie verloren. Dieser Verlust lässt sich durch dezentrale Versorgung verringern und damit wird eine Effizienzsteigerung im Energieversorgungssektor erwirkt. „Etwa 60 % des jährlichen Gesamtenergieverbrauchs in Deutschland wird für Wärme verbraucht" (Kristof und Hanke, 2005,

S.157). In privaten Haushalten fällt der Anteil von Raumwärme sogar auf über 75%. Dieser Energieanteil von etwa eins (Strom) zu vier (Wärme), lässt sich mit BZH durchaus verwirklichen und dezentral produzieren (vgl. Droste-Franke et al., 2009, S.44).

Neben den ökologischen Vorteilen und Energieeinsparungen liegen die wirtschaftlichen Vorteile „nach den Berechnungen der World Alliance for Decentralized Energy für die EU-Kommission" (Suttor et al., 2008, S.46) bei 25% durch die dezentrale Versorgung durch Kraft-Wärme-Kopplung. Technisch ist eine massive Etablierung von Blockheizkraftwerken (BHKW) möglich, die Hemmnisse einer großflächigen Einführung liegen allerdings auf der politischen Ebene, wo die Rahmenbedingungen für einen energiepolitischen Wandel gestaltet werden müssen. Eine Studie der Technischen Universität München im Jahre 2004 zum Thema „Energiewirtschaftliche Bewertung dezentraler KWK-Systeme für die Hausenergieversorgung" kommt zu dem Ergebnis, dass der Einsatz dezentraler Erzeugungssysteme zu einer Reduktion der Netzbelastung um etwa die Hälfte und zu einem Rückgang der gelieferten Energiemenge um etwa ein Drittel führen wird (vgl. Suttor et al., 2008, S.46).

Wird das Gesamtsystem Brennstoffzellen-Heizgerät betrachtet (Abbildung 1) sieht man, dass die Anlage gut an die Bedarfsstrukturen angepasst werden muss, um hohe Ausnutzungsgrade zu erreichen. Es ist dabei wichtig den Verbrauch zu betrachten um die richtige Leistung und Technik auszuwählen. Dabei kann sich die Dimensionierung an dem thermischen, aber auch an dem elektrischen Bedarf orientieren. Bei der *thermischen Auslegung* wird der Bedarf an dem Wärmeenergiebedarf und damit an der entsprechenden Menge Erdgas bemessen. Es wird im Winter ein erheblicher Überschuss an Strom produziert, welcher ins Netz eingespeist werden kann und damit die Stromdefizite in den Sommermonaten auf Grund des deutlich geringeren Wärmebedarfs substituieren kann.

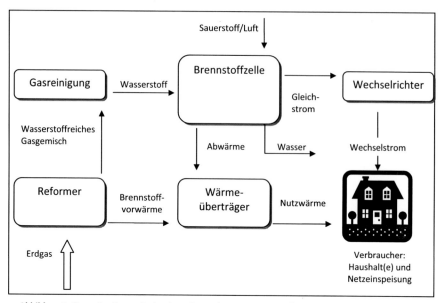

Abbildung 1: Gesamtsystem mit einzelnen Systemkomponenten nach Droste-Franke et al., 2009, S.57.

Die *elektrische Auslegung* hingegen orientiert sich am Strombedarf des Versorgungsobjektes, wird allerdings ebenfalls nicht in dem Maße dimensioniert die Spitzenlast decken zu können (vgl. Droste-Franke et al., 2009, S.57f). Es erscheint demnach für Ein- und Mehrfamilienhäuser auf dem Bestand mit hohem Wärmeenergiebedarf sinnvoller, eine thermische Auslegung der Anlage zu wählen.

5.2. Energetisches Sanieren

„Das CO2 Gebäudesanierungsprogramm ist ein Bestandteil des Integrierten Energie- und Klimaschutzprogramms der Bundesregierung für Wachstum und Beschäftigungssicherung(…)" (Kuckshinrichs et al., 2010, S.9), wobei das Programm auch die Steigerung der Energieeffizienz als Ziel verfolgt. Unter anderem wird hierbei auch die Kraft-Wärme-Kopplung gefördert, wodurch das Gebäudesanierungsprogramm der KfW (Kreditanstalt für Wiederaufbau) relevant für den Untersuchungsgegenstand wird. Die KfW fördert gezielt durch günstige Kredite und Zuschüsse die energetische Sanierung von Altbauten und weitere energetische Investitionen in Bestandsimmobilien, um dadurch das „Energieeinsparpotenzial, das in städtischen Strukturen und in sozialer Infrastruktur vorhanden ist, stärker auszuschöpfen" (Kuckshinrichs et al., 2010, S.616). In den Jahren 2009 bis 2011 wird die Förderung seitens der Bundesregierung zur

Steigerung der Energieeffizienz von Gebäuden auf drei Milliarden Euro erhöht. Das CO2-Gebäudesanierungsprogramm ist dabei ein Teilprojekt und profitiert von der Budgeterhöhung. Dieses Programm wurde mit Sicht auf Klimaschutzeffekte, Konjunktur- und Budgeteffekte hin evaluiert, um herauszufinden, ob ein gesamtwirtschaftlicher Erfolg durch das Programm zu verbuchen ist.

Unter der Annahme des „homo oeconomicus" wurde für die Jahre 2005 bis 2007 die Evaluierung durchgeführt und man fand heraus, dass „programminduzierte Energieeinsparungen von 3,14 Mrd. kWh" (Kuckshinrichs et al., 2010, S.617) erreicht wurden. Es wurde von einer Investitionslebensdauer von 30 Jahren ausgegangen und in dieser Zeit werden ca. 41 Mio. Tonnen CO2 eingespart, bei einer gleichzeitigen Heizkosteneinsparung von ca. 6 Mrd. Euro. Auch hinsichtlich der Konjunktureffekte wird als Erfolg verbucht, dass das Programm zur Sicherung von ca. 42.000 Arbeitsplätzen beigetragen hat. Durch die Fokussierung des Programms auf den Klimaschutz und eine damit verbundene Internalisierung der externen Effekte, begründet das Programm seine Sonderstellung in dem Bereich der Fördermittel. Es sollen finanzielle Barrieren abgebaut werden, um damit gleichzeitig positive Effekte für die Beschäftigungssituation zu erwirken. Dabei soll gleichzeitig, auch unter Berücksichtigung der Programmkosten, ein Einnahmeüberschuss für den Staatshaushalt möglich sein, was die Evaluierung der Jahre 2005 bis 2007 auch nachgewiesen hat (Kuckshinrichs et al., 2010, S.623). Das zeigt, dass auch Förderungen von energetischen Sanierungen und Investitionen für Staat und Verbraucher positive Effekte haben können und daher durchaus interessant für Wohngebäudeeigentümer sind. Jedoch machen Untersuchungen deutlich, dass es in Deutschland, trotz der enormen Einsparpotenziale, einen Modernisierungsstau im Bereich der Strom- und Wärmeversorgung gibt. „Aufgrund der stetigen technischen Neuentwicklungen klafft im Durchschnitt eine große Lücke zwischen eingesetzter und technisch machbarer Technologie" (Rohland et al., 2009, S.239).

Gerade im Bereich des Einsatzes der Brennstoffzellen-Heizgeräte, welche sich zurzeit noch in der Entwicklungs- und Testphase befinden, ist diese angesprochene Kluft ein Etablierungshemmnis. In Untersuchungen zu strukturellen Veränderungen im Energiesystem wird der Energieverbrauch „in Zukunft mehr von den geltenden Politiken bzw. deren Zielen bzgl. Klimaschutz, Versorgungssicherheit und der Nutzung der Kernenergie beeinflusst als von den zur Verfügung stehenden Technologien" (Blesl et al., 2008, S.229).

Die Untersuchungsvoraussetzung ist eine energetische, oder zumindest teilweise Sanierung des Wohngebäudes, da entsprechende Maßnahmen den rentablen und effektiven Wirkungsgrad von BZH erst ermöglichen. Ohne die bauliche Weiterentwicklung der Altbauten ist der Einsatz solcher Anlagen nicht sinnvoll. Dabei wird der Austausch der alten Fenster und der Haustür, eine Dachdämmung, die Dämmung der Außenhülle soweit der Denkmalschutz dies zulässt, die Dämmung der Kellerdecke, die Balkondämmung und ein Einbau von Lüftungsanlagen mit Wärmerückgewinnung gemäß der Energieeinsparverordnung vorausgesetzt. Im Bestand, der im Zuge dieser Untersuchung betrachteten Bremer Häuser, gibt es ebenfalls nur teilsanierte Gebäude, die jedoch in die Ergebnisse einfließen, um einen Durchschnitt aller Bremer Häuser darzustellen. Durch die energetische Sanierung wird ein Transmissionswärmeverlust deutlich reduziert bzw. der Wärmedurchgangskoeffizient verringert. Gerade bei alten Gebäuden die vor 1900 und bis in die 30er Jahre gebaut wurde gibt es laut Energie Agentur NRW Energieeinsparpotentiale von bis zu 80% (vgl. Ritzenhoff, 2010, S.3ff).

Neben der Wärme- und Energieversorgung des Wohngebäudes, hat eine Erschließung des Marktes durch BZH-Systeme auch Auswirkungen auf die Netzsysteme, denn es handelt sich hierbei um eine dezentrale Energieversorgung. Dieser Faktor soll in dieser Untersuchung jedoch nicht betrachtet werden.

5.3. Rechtliche Rahmenbedingungen

Um den Forschungsgegenstand einordnen zu können, ist eine grobe Positionierung der Gesetzgebung, der Vorgaben und der Normen bezüglich des Einsatzes alternativer Energielieferanten und in diesem konkreten Fall des Brennstoffzellen-Heizgerätes sinnvoll. Es wird im Allgemeinen beim Energierecht und Energieumweltrecht von einem Mehrebenensystem gesprochen, da die verschiedenen Regelungsebenen alle relevant sind.

Global betrachtet findet eine Einordnung auf völkerrechtlicher Ebene statt. Hier greifen und lenken die Normen der Welthandelsorganisation, des Allgemeinen Zoll- und Handelsabkommens und des Allgemeinen Abkommens über den Handel mit

Dienstleistungen, sowie der UN-Klimaschutzrahmenkonvention und die Anforderungen der Energie-Charta und der Internationalen Energieagentur.

Auf europäischer Ebene sollen die umwelt- und energierelevanten Anforderungen des EU-Primärrechts (des ranghöchsten Rechts und damit an der Spitze der europäischen Rechtsordnung stehende Recht) und damit den umweltpolitischen Vorgaben im Energiesektor bezüglich der Gewährleistung der Energieversorgungssicherheit richtungsweisend und bindend sein. Das sekundäre Unionsrecht hat bis heute in energie- und umweltpolitischer Sicht bereits unmittelbar wirkende Verordnungen hervorgebracht. Beide Ebenen beschreiben ihre Normen und Vorgaben unter dem Aspekt der Nachhaltigkeit im Energiesektor (vgl. Droste-Franke et al., 2009, S.191f).

Auf nationaler Ebene und damit das für den Forschungsgegenstand einzig geltende Recht, findet sich das „Grundgesetz der Energiewirtschaft", das Energiewirtschaftsgesetz (EnWG) in der Fassung der zweiten (Groß-) Reform vom 7. Juli 2005 sowie die Regelungen zum Energieumweltrecht. Dabei können auf Landesebene Vorgaben und Gesetze noch divergieren (vgl. Droste-Franke et al., 2009, S.192).

Hintergrund der Idee des Untersuchungsgegenstandes ist die seit 2002 in Kraft gesetzte und zuletzt 2009 novellierte Energieeinsparverordnung (EnEV) für effiziente Energietechnik von Wohngebäuden. Dabei handelt es sich um die Verordnung über energiesparenden Wärmeschutz und energiesparende Anlagetechnik bei Gebäuden. Es wird der Primärenergiebedarf, der Endenergiebedarf, der Heizwärmebedarf und der Trinkwasserbedarf berechnet und nach den Prinzipien der EnEV bewertet und beurteilt. Sind hier Potentiale zu erkennen und Überschreitungen des zulässigen Bedarfs zu messen, kann nun in Deutschland auf eine Gesetzesgrundlage zurückgegriffen werden, um in der Hinsicht entsprechend zu intervenieren.

Die deutsche Energiepolitik und Energieversorgung sieht sich vor dem Hintergrund der globalisierten und liberalisierten Energiemärkte, des anthropogenen Klimawandels, der weltweiten Knappheit von Ressourcen, sowie der stetig steigenden Energienachfrage, vor einer großen Herausforderung (vgl. Remme, 2006, S.1). Große Hoffnungen werden in erneuerbare Energien gesetzt, welche jedoch ohne Fördermittel oft (noch) nicht rentabel sind, da die Versorgungssicherheit nicht hundertprozentig gegeben ist, oder der Wirkungsgrad des Energieträgers nicht optimal ist. Die Strategie der Bundesregierung ist trotzdem eine, auf die stärkere Nutzung regenerativer Energien ausgerichtete. Neben der Effizienzverbesserung im Gebäudebau, wird auch verstärkt auf Kraft-Wärme-Kopplung auf Wasserstoffbasis gesetzt. Diese Strategie als Teilkonzept zur Erreichung deutscher Klimaschutzziele lohnt genauer betrachtet zu werden. Um auf regionaler Ebene eine entsprechende Untersuchung durchzuführen, wird als Forschungsgegenstand das Bremer Haus genommen. Es wird dabei der Einsatz von Brennstoffzellen-Heizgeräten zur Strom- und Wärmeversorgung unter ökonomischen Aspekten untersucht.

5.4. Fördermittel

Die Förderung von Brennstoffzellen-Heizgeräten muss differenziert nach Nutzung betrachtet und berechnet werden. Es wird einerseits die Vergütung für den eingespeisten Strom und andererseits die selbstgenutzte Energie betrachtet. Dabei sieht das Kraft-Wärme-Kopplung-Gesetz (KWKG) drei Varianten der Gesamtvergütung in Abhängigkeit der Eigentums- und Nutzungsverhältnisse vor:

- „Vereinbarter Preis für den KWK-Strom + KWK-Zuschlag (…)
- Üblicher Preis (u.U. Preis für Grundlaststrom an der Strombörse EEX) + vermiedene Netznutzungsentgelte + KWK-Zuschlag (…)
- Angebotspreis eines Dritten + KWK-Zuschlag (…) (Droste-Franke et al., 2009, S.231)"

Grundsätzlich ist der gesamte, durch Brennstoffzellen-Heizgeräte erzeugte Strom, förderfähiger KWK-Strom und wird vergütet. Allerdings legt das novellierte KWKG im Gegensatz zum alten KWKG 2000 keine einheitliche Mindestvergütung fest. Lediglich der *KWK-Zuschlag* wird längerfristig festgelegt und orientiert sich an den Vereinbarungen „zwischen der Regierung der Bundesrepublik Deutschland und der deutschen Wirtschaft zur Minderung der CO_2-Emissionen und der Förderung der KWK vom 20.06.2001 in Ergänzung zur Klimavereinbarung vom 9.11.2000" (Droste-Franke et al., 2009, S.231). Er ist aktuell mit einer konstanten Zahlung von 5,11 ct/kWh festgelegt und soll die Differenz zu dem konventionell hergestellten günstigeren Strom ausgleichen.

Die drei aufgezählten Vergütungsvarianten differenzieren sich in ihrer Zusammensetzung. Der *vereinbarte Preis* ist ein mit dem örtlichen Energieversorger vereinbarter Preis für produzierten und eingespeisten Strom. Kommt diese Vereinbarung nicht zustande, kann der BZH-Betreiber sich am *Baseload-Preis* orientieren, welche quartalszeitlich neu berechnet wird und den durchschnittlichen Preis für Grundlaststrom an der Strombörse EEX in Leipzig beschreibt. Der Preis liegt im 4. Quartal 2011 bei 5,165 ct/kWh. Da der Preis allerdings schwankt und im Jahre 2011 zwischen 4,640 und 5,165 ct/kWh lag, wird er für diese Analyse auf 5 ct/kWh festgelegt. Zu der gesetzlich im KWKG festgelegten Vergütung nach dem Baseload-Preis wird ein *vermiedenes Netznutzungsentgelt* gezahlt, welche vom Netzbetreiber für die Vermeidung der Nutzung von Hochspannungsleitungen und entsprechende Transformierung des Stromes gezahlt werden. Diese Form der Vergütung ist noch sehr umstritten und führt oft zu Differenzen zwischen BZH-Betreibern und Netzbetreibern. Der Anspruch auf diese Zahlung ist im KWKG zwar festgelegt, die Formulierung birgt jedoch Möglichkeiten für die Netzbetreiber in bestimmten Fällen den Zahlungen zu entgehen (vgl. Droste-Franke et al., 2009, S232). Die Berechnung erfolgt nach der Stromnetzentgeltverordnung und kann zwischen 0,4 und 1,5 ct/kWh schwanken. Als Durchschnitts- und in der Literatur oft verwendeter Vergütungspreis wird hier 0,78 ct/kWh angesetzt.

	Einspeisung	Selbst genutzte Energie
Baseload-Preis	5 ct/kWh	---
KWK-Zuschlag	5,11 ct/kWh	5,11 ct/kWh
Vermiedene Nutzentgelte	0,78 ct/kWh	---
Stromsteuerbefreiung		2,05 ct/kWh
Gesamt	10,98 ct/kWh	7,16 ct/kWh

Tabelle 5: Vergütung der Stromerzeugung und Einspeisung

Der Tabelle 5 sind die jeweiligen Vergütungsmodelle zu entnehmen, die in dieser Untersuchung den Berechnungen als Grundlage dienen. Eine für Brennstoffzellen-Heizgeräte ebenfalls relevante Vergütung ist die Einspeisung von Biogas/Vergütung nach EEG. Diese tritt allerdings nur dann in Kraft, wenn die Anlage direkt mit Biogas betrieben wird. Da dies in dieser Untersuchung nicht der Fall ist, wird diese Vergütung nicht berücksichtig.

5.5. Brennstoffzellen-Heizgeräte (BZH) – Funktion und Kosten

Brennstoffzellen-Heizgeräte basieren auf dem Prinzip der umgekehrten Elektrolyse und nutzen den Effekt der Kraft-Wärme-Kopplung. „Es handelt sich somit um eine Kuppelproduktion. Anlagen dieser Art weisen wegen der Wärmenutzung im Vergleich zu konventionellen Kraftwerken einen hohen Gesamtsystemwirkungsgrad auf" (Hinkel et al., 2009, S.129). Sie zeichnen sich bei der Nutzung durch ihre Effizienz und die emissionsarme Arbeitsweise aus. Die bei der gewonnen Energie entstandene Abwärme wird für die Heizung des Hauses genutzt.

Die aktuellen Publikationen zu der Thematik Kraft-Wärme-Kopplung mit Brennstoffzellen in Wohngebäuden bezeichnen diese „als eine der tragenden Säulen eines zukünftigen und nachhaltigen Energiesystems" (Jungbluth, 2006, S.6). Die Brennstoffzelle wird derzeit hauptsächlich von der Automobilindustrie vorangetrieben, erfährt aber durch ihre Eigenschaften immer mehr Aufmerksamkeit seitens der Bauwirtschaft, da sie sich in Form dezentraler Versorgungssysteme sehr gut einsetzen lässt. Jedoch stehen der Markteinführung, die für 2012 angedacht ist, die hohen Investitionskosten, die sich auch durch hohe Produktionsstückzahlen wenig reduzieren lassen und die ausgereifte Technik und das Vertrauen in konventionelle Energieversorger noch entgegen (vgl. Böhm, 2004, S.3).

Es gibt verschiedene Typen von Brennstoffzellen, die sich in ihrem Aufbau und der Arbeitstemperatur unterscheiden. Dadurch variieren auch die Einsatzmöglichkeiten, die Energieniveaus, die Lebensdauer, der Wirkungsgrad und die Kosten der Anlage (vgl. Droste-Franke et al., 2009, S.50). Als besonders für die Kraft-Wärme-Kopplung geeignete Brennstoffzelle werden die oxidkeramischen (SOFC), die karbonatschmelz (MCFC)- und die phosphorsauren (PAFC) Zellen eingestuft. Die Brennstoffzelle hat eine Verfügbarkeit von über 90 % und eine Standzeit von mehr als 30000 Stunden sowie Wirkungsgrade von über 85 %. Daher bietet sie sich sehr gut für die stationäre Versorgung an. Sie benötigt reines H_2 bzw. H_2-reiches Gas als Brennstoff. Die Arbeitstemperatur beeinflusst die Empfindlichkeit der Brennstoffzelle auf Kohlenmonoxid und die erzeugte elektrische Leistung (vgl. Droste-Franke et al., 2009, S.47). Im

Vergleich zu den anderen Brennstoffzellentypen (Hochtemperatur-Brennstoffzellen mit über 650°C) ist die PEMFC (Polymerelektrolytbrennstoffzelle) mit wenig Aufwand herstellbar und relativ günstig. „Because of their high and constant efficiency even at varying or low load, they cause negligible air pollution (if fossil fuels are used; otherwise none). They are quiet or completely silent and minimize maintenance costs, since no or very fewmoving parts are used." (Varna, 2007, S.3)

Als Kosten in Euro pro Kilowatt wird hier auf Basis des am Institut für Energieforschung in Jülich (vgl. IEK, 2003) und auf Basis einer vom VDI durchgeführten Analyse (vgl. Wendt, 2006, S.10) ein momentan anzusetzender Preis von 6000 €/kW-Leistung festgelegt. Da dieser Preis nach einschlägigen Untersuchungen noch deutlich zu hoch ist, wird einerseits eine Wirtschaftlichkeitsanalyse mit 6000 €/kW-Leistung, eine Untersuchung mit 4000 €/kW-Leistung als mittlerer Preis und damit als Referenzgröße und eine Untersuchung mit dem als marktreif und konkurrenzfähig eingeschätzten Preis von 2000 €/kW-Leistung (vgl. Wendt, 2006, S.10) durchgeführt. Um die Wärmespitzenlast decken zu können, ist ein zusätzlicher Gas-Brennwertkessel nötig, der für die Typen BH1, BH2 und BH3 mit 2000 € zusätzlich und für BH4 mit 4000 € berechnet wird. Die Preise lehnen sich an aktuelle Marktpreise an. Der Installationspreis sowie Genehmigungskosten, Transport und Montage werden mit 15 % des Blockheizkraftwerk-Systempreises (BHKW) veranschlagt. Dabei wird berücksichtigt, dass bei steigender Größe des BZH-Systems keine lineare Preissteigerung durch Leistungserhöhung erfolgt, sondern die Preissteigerung mit zunehmender Größe exponentiell abnimmt. Es wird festgelegt, dass je zusätzlicher Kilowatt elektrischer Leistung, ein Systemkostenabschlag von 10% berechnet wird. Damit werden Kosten für Gehäuse, elektrische und weitere Komponenten sowie Energiemanagementsysteme, welche nur einmal pro System erforderlich sind, herausgerechnet. Der Preis je Kilowatt richtet sich an den Kosten je Brennstoffzellen-Stack aus.

Der Bedarf an Leistung und damit der Preis für die Anlage ergeben sich durch die im Kapitel 6.2 errechneten Bedarfszahlen für Strom und Wärme. Es ist allerdings auch zu erwähnen, dass der Geräte- und Installationspreis zwar als wichtig anzusehen ist, wenn er sich allerdings „im Rahmen der üblichen Verhältnisse" (Suttor et al., 2008, S.88) befindet, nur 25 % der Gesamtkosten des BHKW ausmacht und damit nicht den ausschlaggebendsten Faktor für die Wirtschaftlichkeit darstellt. In der Sensitivitätsanalyse in Kapitel 6.5 und auch in der Bilanzierung wird der Faktor auf seinen Einfluss hin betrachtet. Die folgende Tabelle zeigt die sich dadurch errechneten BZH-Gesamtsystempreise in €:

€/kW		BH1	BH2	BH3	BH4
	kW-Leistung	2	4	5	7
2000		6600	10280	11315	15737
4000		11200	18560	20630	27474
6000		15800	26840	29945	39211

Tabelle 6: BZH-Kosten in Abhängigkeit der Leistung

Bei allen Preisannahmen muss berücksichtigt werden, dass es sich um Schätzungen handelt, da noch keine Markteinführung stattgefunden bzw. eine Marktreife noch nicht erreicht wurde. Die Preisgestaltung richtet sich also nach Experteneinschätzungen des Vereins Deutscher Ingenieure, Zielen seitens der Hersteller und bereits erreichten Fortschritten.

Vorliegende Untersuchungen beschreiben den Betrieb von BZH in Einfamilienhäusern unter Berücksichtigung der Nutzereinflüsse. Es muss bei der Betrachtung solcher Untersuchungen immer bedacht werden, dass die Entwicklung im Bereich der Brennstoffzelle in einem sehr rasanten Tempo voran geht und die Potenziale der Anlagentechnik in Bezug auf Wirkungsgrade und Effizienz noch nicht ausgeschöpft sind. Die Untersuchung zeigt jedoch, dass ein BZH „ohne Komforteinbußen" (Böhm, 2003, S.154) betrieben werden und selbst zu Spitzenlastzeiten eine Versorgung gewährleistet werden kann.

Bei der Untersuchung von Energieträgern und -versorgern müssen entsprechende Wechselwirkungen betrachtet und berücksichtigt werden. Innerhalb des Energiesystems entstehen komplexe Kopplungen von Technologien mit sehr hoher kombinatorischer Zahl an denkbaren Technologie- und Wirkungsketten (vgl. Remme, 2006, S.251). Dabei ist das BZH nur ein Teilgebiet auf der Ebene der häuslichen Wärme- und Energieversorgung und muss entsprechend in einem abgegrenzten System betrachtet werden. „Fuel cells are only a part of a bigger energy system chain, and it may be difficult to commercialize only one component of that chain. However, the fuel cells may be the enabling technology to pave the road toward hydrogen economy" (Barbir, 2227, S.121).

Gerade bei Energieträgern wird oft die Untersuchungsmethode der Ökobilanz herangezogen, wobei die Systemgrenzen eine entscheidende Rolle spielen. Eine solche Bilanzierung wird in dieser Untersuchung nicht durchgeführt, jedoch macht es auch im Falle der Annuitätenmethode und im Allgemeinen der Betrachtung und Bewertung der Wirtschaftlichkeit Sinn, das Versorgungssystem klar ab- und einzugrenzen.

5.6. Bremer Haus als Einsatzobjekt für BZH

Parallel zur Energieverbrauchssenkung „kann ein Beitrag zur weltweiten CO_2-Emissionsminderung geleistet werden" (Böhm, 2003, S.154), indem vermehrt auf dezentrale Energieversorgung gesetzt wird. Die aktuelle Forschung zeigt, dass bei großflächigem Einsatz der Brennstoffzellen-Heizgeräte in Einfamilienhäusern „eine CO_2-Reduktion von ca. 36 Mio. t" (Jungbluth, 2006, S.6) möglich sei. Die durch den Betrieb der Anlage generierten und eingesparten Energiekosten, können zur Refinanzierung der, im Vergleich zu konventionellen Anlagentechniken relativ teuren, Heizgeräte genutzt werden. Eine Untersuchung der Brennstoffzellen-Technik in einem Mehrfamilienhaus zeigt gleiche Ergebnisse wie die eben beschriebenen auf. Daraus lässt sich ableiten, dass ein Bremer Haus, unter Berücksichtigung entsprechender Sanierungsmaßnahmen potenziell geeignet ist, ein Brennstoffzellen-Heizgerät zu betreiben.

„Im Allgemeinen versteht man unter dem stehenden Begriff >>Bremer Haus<< ein traufständiges Reihenhaus, welches ab etwa 1840 bis zum Beginn des Ersten Weltkrieges massenhaft in den Bremer Vorstädten gebaut wurde" (Vos, 2004, S.42). Die Bauweise des Bremer Hauses erfolgt in einem auffallenden dominanten Muster und einem leicht typisierbaren, einheitlichen Grundriss, wobei es natürlich auch Ausnahmen gibt, die aber im Zuge einer erforderlichen Generalisierung in dieser Untersuchung nicht berücksichtigt werden.

Im Zuge dieser Studie werden vier exemplarische Referenzobjekte in Anlehnung an Vos (2004) und die durchgeführte Erhebung mit Hilfe des Kurzverfahrens Energieprofil definiert und betrachtet. Dadurch entsteht folgende Typisierung, welche für Handlungsempfehlung über den Einsatz eines Brennstoffzellen-Heizgerätes dienen soll.

Die erhobenen Daten für die Entwicklung der Profile wurden zusammengefasst und es wurden Durchschnitte gebildet, die sich auf die Zahl der Nennungen zu den einzelnen Eigenschaften stützen. Da es sich hierbei um eine Typisierung handelt, finden Rundungen statt, um eindeutigere Häusertypen definieren zu können.

Gemeinsamkeiten aller vier Bremer Häuser:

- Das Baujahr der Häuser ergibt sich aus den Ergebnissen der Befragungen (vgl. Tabelle 1 bis 4) und wird auf 1900 festgelegt. Der Wert des Baujahres beeinflusst die Berechnungen im Flächenschätzverfahren und die sich daraus ergebenen Wärmedurchgangskoeffizienten. Es divergieren beispielsweise die Fenstergrößen in den unterschiedlichen Baualtersklassen (vgl. Loga et al., 2005, S. I – 6).
- Alle Häuser haben auf beiden Seiten angrenzende Nachbargebäude und haben einen kompakten Grundriss. Letzteres meint eine quadratisch oder rechteckige Bauweise und nicht langgestreckt bzw. gewinkelt oder komplex (vgl. Anhang2).
- 15 cm nachträglicher Dämmung auf 20 % der Außenwände. Dieser Wert ist bedingt durch die aneinandergereihte Bauweise des Bremer Hauses und durch das Hemmnis des Denkmalschutzes bei der Fassadendämmung.
- Der Erdgasverbrauch wird auf Grundlage einer Studie der Firma Techem aus dem Jahre 2003 zum Thema Heizenergieverbrauch in 144 Städten ermittelt. Dabei wird ein durchschnittlicher Erdgasverbrauch für den Nutzwärmebedarf von 16 kWh/(m²/a) in Bremen herangezogen. Dieser Wert fließt in die Berechnung des Heizwärmebedarfs ein (vgl. Techem, 2003).
- Der Stromverbrauch wird pro Haushalt bzw. pro bewohntem Vollgeschoss auf 2500 kWh pro Jahr festgesetzt. Dieser Wert wird abgeleitet aus den wenigen Daten durch die Befragung und aus Werten aus der Tabelle in Droste-Franke et al., 2006, S.56.
- 2006 wurden in allen Häusertypen neue Kunststofffenster mit Isolierverglasung eingebaut. Auch dieser Wert ist je nach Baualtersklasse relevant für den Wärmedurchgangskoeffizienten und wirkt sich auf den Gesamtheizwärmebedarf aus (vgl. Loga et al., 2005, S. II – 2).

5.6.1. Bremer Haus, Typ 1 (BH1)

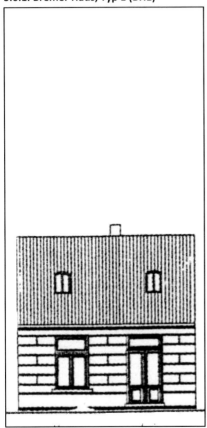

Abbildung 2: Typ Bremer Haus 1 nach Vos, 2004.

Das kleinste Bremer Haus hat generell eine kleinere beheizbare Wohnfläche als 100 m². Für die Untersuchung wird eine Quadratmeterzahl von 60 festgelegt, da sie dem Durchschnitt der untersuchten Häuser entspricht. Das Bremer Haus ist eingeschossig und besitzt kein Souterrain. Das Dachgeschoss wird teilweise beheizt, um einen Durchschnitt der Nutzung von Wohnfläche bzw. Dachgeschoss als Abstellfläche darzustellen. Das Haus wird mit Hilfe eines erdgasbetriebenen Brennstoffkessels aus dem Jahre 1990 beheizt. Die Warmwasserbereitung ist mit der Zentralheizung kombiniert und einem Speichereinbau bzw. Durchlauferhitzer von 1990. Die Wärmeverteilung und der Dämmstandard entsprechen denen der 80er und 90er Jahre.

Der durchschnittliche Energieverbrauch für Heizung und Warmwasser, also der Heizwärmebedarf, liegt bei 17417 kWh/a Erdgas. Der durchschnittliche Stromverbrauch pro Jahr wird auf 2500 kWh pro Jahr festgesetzt.

5.6.2. Bremer Haus, Typ 2 (BH2)

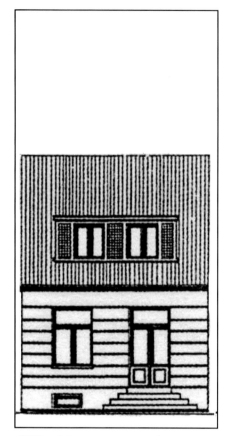

Abbildung 3: Typ Bremer Haus 2 nach Vos, 2004.

Der zweite Typ Bremer Haus hat im Vergleich zu dem Typ BH1 ein Souterrain und generell eine kleinere Beheizbare Wohnfläche als 200 m². Für den Typ BH2 wird eine Wohnfläche von 150 m² festgelegt, wobei das Dachgeschoss und der Keller/Souterrain teilweise beheizt werden. Diese Auswahl begründet sich auf der unterschiedlichen Nutzung von Dachgeschoss und Souterrain bei dieser Häusergröße. Das Haus wird ebenfalls mit einem erdgasbetriebenen Brennstoffkessel aus dem Jahre 1990 beheizt und die Wärmeverteilung und der Dämmstandard entsprechen denen der 80er und 90er Jahre.

Der durchschnittliche Energieverbrauch für Heizung und Warmwasser liegt bei 38912 kWh Erdgas pro Jahr. Der durchschnittliche Stromverbrauch wird wie beim Bremer Haus Typ BH1 auf 2500 kWh pro Jahr festgelegt.

5.6.3. Bremer Haus, Typ 3 (BH3)

Abbildung 4: Typ Bremer Haus 3 nach Vos, 2004.

Der dritte Typ Bremer Haus ist ein zweigeschossiges Haus mit Souterrain, welches generell weniger als 300 m² Wohnfläche hat. Für den Typ BH3 wird eine beheizbare Wohnfläche von 250 m² festgelegt, wobei das Dachgeschoss teilweise beheizt und das Souterrain voll beheizt ist. Das begründet sich dadurch, dass das Souterrain in der Gebäudegrößenklasse fast überall als Wohneinheit ausgebaut ist. Da die Nutzung des Dachgeschosses auch hier sehr divers ist, wird eine teilweise Beheizung angesetzt um die unterschiedliche Nutzung darzustellen. Das Haus wird mit einer wohnungsweise erdgasbetriebenen Gas-Etagenheizung aus dem Jahre 1990 beheizt und die Wärmeverteilung und der Dämmstandard entsprechen denen der 80er und 90er Jahre.

Der durchschnittliche Energieverbrauch für Heizung und Warmwasser liegt bei 50591 kWh Erdgas pro Jahr. Der durchschnittliche Stromverbrauch wird auf Grund der zwei Vollgeschosse und dem als Wohneinheit genutzten Souterrain am Durchschnittsverbrauch von drei Wohneinheiten bemessen, und beläuft sich auf 7500 kWh pro Jahr.

5.6.4. Bremer Haus, Typ 4 (BH4)

Abbildung 5: Typ Bremer Haus 4 nach Vos, 2004.

Der vierte Typ Bremer Haus ist ein zwei- bis dreigeschossiges Haus mit Souterrain, welches generell mehr als 300 m² Wohnfläche hat. Für den Typ BH4 wird eine beheizbare Wohnfläche von 350 m² festgelegt, wobei das Dachgeschoss teilweise beheizt sowie das Souterrain voll beheizt wird. Im Gegensatz zu dem Typ BH3 hat das BH4 eine größere Grundfläche und kann durchaus ein weiteres Vollgeschoss haben. Es ist von der Bauweise geräumiger und zählt teilweise zu den großbürgerlichen Gebäuden Bremens. Das teilweise beheizte Dachgeschoss bezieht sich, wie auch beim BH3, auf die unterschiedliche Nutzung und stellt so einen Querschnitt dar. Das Haus wird ebenfalls mit einer wohnungsweise erdgasbetriebenen Gas-Etagenheizung aus dem Jahre 1990 beheizt und die Wärmeverteilung und der Dämmstandard entsprechen denen der 80er und 90er Jahre.

Der durchschnittliche Energieverbrauch für Heizung und Warmwasser liegt bei 72677 kWh Erdgas pro Jahr. Der durchschnittliche Stromverbrauch wird auf Grund der zwei bis drei Vollgeschosse und dem als Wohneinheit genutzten Souterrain am Durchschnittsverbrauch von drei bis vier Wohneinheiten bemessen und beläuft sich auf 10000 kWh pro Jahr.

5.7. Potenziale virtueller Kraftwerke – eine Aussicht

Die EnEV, Nr. 2.7, Satz 3 „eröffnet für gleichzeitig erstellte, aneinander gereihte Gebäude die Möglichkeit eines gemeinsamen Nachweises" (ZUB, 2011) des Primärenergiebedarfs. Dabei werden zwei Wohngebäude (Baujahr relevant) als eine Gesamtheit betrachtet, müssen sich jedoch trotzdem einzeln den Energieausweis ausstellen lassen. Der Vorteil besteht darin, dass sich die Grenze des maximalen Jahres-Primärenergiebedarfs und des spezifische Transmissionswärmeverlustes erhöht. Jedoch sind die Vorschriften für größere Wohngebäude strenger geregelt als für kleine, was als Hemmnis für eine gemeinsame Nutzung angesehen werden kann. Das zeigt aber, dass zwei Häuser durchaus gemeinsam Energie sparen können.

Wohngebäude bieten sich als Forschungsgegenstand besonders an, da die energiewirtschaftliche Relevanz klar gegeben ist. Neben dem Verkehr (29,5 %), haben Haushalte einen Energiebedarfsanteil von 29 % in Form von Raumwärme und Warmwasser, Prozesswärme und Strom (vgl. Jungbluth, 2006, S.11). Damit zeigt sich hier ganz klar ein potenzieller Markt.

Dass das Bremer Haus sich als Objekt für Virtuelle Kraftwerke anbietet, zeigt seine Bauweise. Die aneinandergereihte Bauweise, die, wie anfangs des Kapitels beschrieben gefördert und berücksichtigt wird, vereinfacht die Installation eines gemeinsam genutzten Energielieferanten. Gerade in Bremen steht diesem Szenario durch die große Masse an Bremer Häusern ein großes Potenzial zur Verfügung. Was sich allerdings neben der technischen Machbarkeit und den potenziellen ökonomischen, ökologischen und energieeffizienten Vorteilen als Schwierigkeit kenntlich macht, ist die Bereitschaft von Nachbarn gemeinsam ein BZH zu betreiben. Da bei Bremer Häusern, die nebeneinander gebaut sind, so gut wie immer unterschiedliche Eigentumsverhältnisse herrschen, ist dieser Aspekt primär zu untersuchen.

Dieser Aspekt ist natürlich bedingt durch Aufklärung im Bereich der Ressourcennutzung, der Umwelteffekte und der Energieversorgungssysteme. Potenzielle Vorteile und nachhaltige Sicherheiten der Hauseigentümer sind hier weitgehend unbekannt. Das beeinflusst die Möglichkeiten der Forschung in diesem Bereich und kann mit dieser Untersuchung nicht geleistet werden.

6. Bilanzierung / Wirtschaftlichkeit

Das Kapitel 6 beschäftigt sich mit der Bilanzierung der empirisch erhobenen und tabellarisch, kalkulatorisch berechneten Daten. Dabei wird zunächst erklärt und definiert auf welcher Grundlage die Berechnungen durchgeführt werden und Einzelschritte werden im Detail erläutert, um die Vorgänge verständlich zu machen.

6.1. Erklärung der Datenberechnung

Um die Wirtschaftlichkeit von Brennstoffzellenanlagen im Bremer Haus bewerten zu können ist ein Faktor ausschlaggebend, der als ausgesprochen uneinheitlich zu bewerten ist. Der Strom- und Wärmebedarf ist in Ein- und Mehrfamilienhäusern sehr unterschiedlich und in Bezug auf den absoluten Jahresverbrauch sowie die zeitliche Verbrauchsverteilung, ist kein typisches Nutzerverhalten zu erkennen (vgl. Leisten et al., 2002, S.2). Diese von Haushalt zu Haushalt sehr unterschiedliche Energienutzung macht es besonders schwer, pauschale Aussagen zu treffen. Um dennoch eine Aussage treffen zu können, wird auf eine Datengrundlage einer vorrangegangenen Untersuchung zurückgegriffen, welche den Strom-, Wärme- und Warmwasserverbrauch minutiös darstellt. Anhand dieses Diagrammes und anhand eines Histogrammes, welches den durchschnittlichen Strombedarf an einem Tag beschreibt, können prozentuale Deckungsgrade bestimmt werden und Aussagen über zukünftige Versorgungen von Strom und Wärme mit einem BZH getroffen werden. Diese Aussagen fließen in die Wirtschaftlichkeitsuntersuchung mit ein und sind relevant für die Berechnung der eingesparten Kilowattstunde Energie bzw. dem annuitätischen Kostenvorteil.

Die folgende Abbildung 6 zeigt hier die Bedarfsstrukturen eines Einfamilienhauses. Sie macht deutlich zu welchen Zeiten Spitzenlasten auftreten und wann Ruhezeiten sind. So ist morgens gegen acht Uhr ein besonders hoher Bedarf an Warmwasser für Duschen sowie ein hoher Strombedarf in den Morgenstunden für Licht und Elektrogeräte. Ähnlich sieht es am Abend aus, nach Feierabend, wenn gekocht und geheizt wird. Der Abend hat dementsprechend einen größeren Strombedarf auf Grund der Nutzung von Computern, Fernsehern und Beleuchtung.

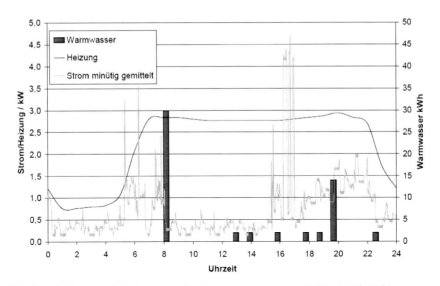

Abbildung 6: Typischer Bedarf eines Einfamilienhauses an Strom, Heizwärme und Trinkwasser (Leisten et al., 2002, S.7)

Die Abbildung 7 ist für ein durchschnittliches Einfamilienhaus mit einem Strombedarf von 4500 kWh berechnet worden und kann durch eine lineare Skalierung annähernd an andere Strombedarfe angepasst werden.

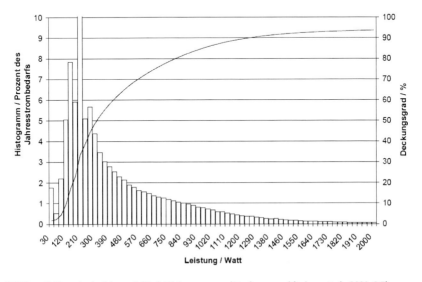

Abbildung 7: Strombedarf dargestellt als Histogramm und Deckungsgrad (Leinen et al., 2002, S.7)

Auf Basis dieser Verbrauchsdaten, der Literaturrecherche und Informationen von Entwicklern, die im Bereich der Forschung von Brennstoffzellen-Heizgeräten tätig sind, wird ein Profil einer an den Bedarf angepassten Kraft-Wärme-Kopplungsanlage definiert, welches für den entsprechenden Typ Bremer Haus und zu der jeweiligen Wirtschaftlichkeitsberechnung herangezogen wird. Dabei wird nicht auf technische Details, sondern auf die Leistungen eingegangen. Es wird je nach Bedarf an der Gesamtwärmeenergie eines Bremer Hauses, ein für diesen Bedarf konzipiertes Gerät definiert. Dabei wird von den Zielen der Entwickler für zukünftige Leistungsprofile der BHZ ausgegangen, welche bis zur Markteinführung erreicht werden sollen und als realistisch eingeschätzt werden. Das Verhältnis von thermischer Leistung zur elektrischen Leistung wird auf Basis von Herstellerangaben mit einem Verhältnis von 2:1 festgelegt.

Abbildung 8: (c) Callux - Verschiedene BZH

Brennstoffzellen-Heizgerät für die Wirtschaftlichkeitsberechnung in dieser Untersuchung	
Kosten	6000 €/kW
	4000 €/kW
	2000 €/kW
Thermische Leistung	$2 - 7$ kW$_{th}$
Elektrische Leistung	$1 - 3,5$ kW$_{el}$
Gesamtwirkungsgrad	90 %
Elektrischer Wirkungsgrad	35 %
Brennstoffzelle	Solid Oxide Fuel Cells (SOFC)
Wartungsintervall	10.000 Stunden

Tabelle 7: BZH für die Wirtschaftlichkeitsanalyse dieser Untersuchung

Die Brennstoffzellen-Heizgeräte können mit der festgelegten Leistung den Grundbedarf von Strom und Wärme decken, jedoch keine 100 % Versorgung garantieren, da es zu bestimmten Zeiten (vgl. Abbildung 6) zu Spitzenlasten kommt, die durch Bezug über das normale Stromnetz gedeckt werden müssen. Der Strom, der überproduziert wird, in Zeiten in denen weniger Strom genutzt als verbraucht wird, kann in das öffentliche Netz eingespeist werden und wird vergütet. Es wird von einer wärmegeführten Betriebsweise ausgegangen, da das Bremer Haus einen im Vergleich zu Neubauten und Passivhäusern relativ hohen Gesamtwärmebedarf (kW/(m²/a)) hat und damit durch die Wärmeerzeugung genug des Koppelprodukts Stroms erzeugt um den Grundlastbedarf zu decken. Die in den Spitzenzeiten anfallenden Stromkosten können durch anfallende Einspeisungen, vor allem in den Wintermonaten, substituiert werden und werden damit in der Wirtschaftlichkeitsberechnung entsprechend verrechnet. Nicht genutzte Wärme kann in einem Wärmespeicher bzw. Wärmeüberträger (Gerät zur Übertragung thermischer Energie von einem Stoffträger auf einen anderen) für Heizung und Warmwasser gespeichert werden (vgl. Droste-Franke et al., 2009, S.58).

Im Folgenden werden relevante Daten und Größen definiert und erklärt:

Der **Betrachtungszeitraum** der Untersuchung wird auf 15 Jahre festgelegt. Problematisch ist bei diesem Wert, dass noch keine gesicherten Zahlen bekannt sind. Feldtests zeigen Laufzeiten von 40000 Stunden oder sogar 80000 Stunden. Diese sind demnach abhängig von der durchschnittlichen, täglichen Laufzeit. Eine Gesamtlaufzeit von 80000 Stunden eines BZH, bei einer durchschnittlichen, täglichen Laufzeit von 18 Stunden, würde eine Lebensdauer von über 12 Jahren bedeuten. Seitens der Hersteller sind längere Lebensdauern angestrebt und so werden 15 Jahre als zukunftsfähig und marktreif betrachtet.

Der **Heizwärmebedarf**, also der Energiebedarf für Warmwasser und Heizwärme, wird mit Hilfe des Kurzverfahrens Energieprofil (in Kapitel 4.1 beschrieben) berechnet. Grundlage für diese Berechnung ist die empirische Erhebung von spezifischen Daten der verschiedenen Typen des Bremer Hauses. Die erhobenen Daten der Hausbesitzer ergeben Durchschnittswerte, die gerundet für diese Untersuchung genutzt werden.

Die Daten in Kapitel 6.3 wurden mit Hilfe der Annuitätenmethode berechnet und beziehen sich auf einen Berechnungszeitraum von 15 Jahren. Es wird ein **Mittelwertfaktor** für die Energiepreissteigerung von $m_e=1{,}231$ für Strom und $m_e=1{,}412$ für Erdgas verwendet, welcher mit Hilfe der LEG Formelsammlung (vgl. Fachhochschule Braunschweig/Wolfenbüttel, 2011) berechnet wurde. Es handelt sich hierbei um ein Maß für die Preisentwicklung während des Betrachtungszeitraumes, wobei die Zahlungen abgezinst und auf ein nominal gleiches Maß gebracht werden.

$$m_e = \frac{1+s_e}{p-s_e} \cdot \left(1 - \left(\frac{1+s_e}{1+p}\right)^n\right) \cdot a_{p,n} = \frac{1+s_e}{p-s_e} \cdot p \cdot \frac{(1+p)^n - (1+s_e)^n}{(1+p)^n - 1}$$

P ist der Kalkulationszinssatz

S_e ist die Preissteigerung in Prozent

n ist die Jahreszahl des Betrachtungszeitraumes

Der für den Wert der mittleren jährlichen Energiekosten benötigte **Annuitätenfaktor** wird mit dem angenommenen Kalkulationszinssatz und dem angesetzten Betrachtungszeitraum berechnet. Es ergibt sich ein Wert, welcher mit dem Investitionswert multipliziert einen Betrag ergibt, der jährlich aufgebracht werden muss, um eine Amortisation zu erreichen. Ist dieser höher als der Wert der ohne Investition jährlich gezahlt werden muss, lohnt sich die Anschaffung des Brennstoffzellen-Heizgerätes nicht. Alle zukünftigen Zahlungen die mit diesem Wert berechnet werden, sind durch den Kalkulationszinssatz abgezinst. Der Annuitätenfaktor ist der Tabelle 0.1 im Anhang 1 zu entnehmen und kann dort mit Hilfe des Betrachtungszeitraumes n und dem Kapitalzinssatz p ermittelt werden.

Die **mittleren jährlichen Energiekosten** werden aus dem spezifischen, mit Hilfe des Mittelwertfaktors berechneten Energiepreises und dem Verbrauch des jeweiligen Energieträgers berechnet. In dem Fall des Referenzbeispiels ohne BZH, eine Summe in €/a für Strom und Erdgas.

Die **mittleren jährlichen Gesamtkosten** ergeben sich aus den mittleren jährlichen Energiekosten und den mittleren jährlichen Wartungskosten. Letztere berechnen sich aus einer vorgegebenen Summe für die Wartungskosten (in dem Fall der Gas-Heizung werden sie auf 100 € festgelegt), multipliziert mit dem Mittelwertfaktor für die Wartung. Der Mittelwertfaktor ergibt sich, wie oben beschrieben, aus p=7 % und einer erwarteten Preissteigerung der Wartungskosten von 3 %.

Als **Energiekosten** werden die aktuellen Preise des regionalen Strom- und Erdgasanbieters Stadtwerke Bremen verwendet. Ein Einsparpotenzial durch einen Anbieterwechsel wird in dieser Untersuchung nicht berücksichtig, kann jedoch relevant für das Ergebnis sein. Da Einsparungen auf Anbieterwechselbasis oft nur kurzfristig zu verbuchen sind, kann der Aspekt in eine Berechnung mit einem Betrachtungszeitraum von 15 Jahren nicht einfließen.

Diese aufgeführten Werte sind alle relevant für die Annuitätenmethode und werden in der Kalkulationstabelle vom IWU (Anhang 5) verwendet. Mit Hilfe dieser Tabelle, wird die Wirtschaftlichkeitsanalyse auf Basis der Annuitätenmethode durchgeführt.

6.2. Bedarfskalkulation

Auf Grundlage der aus der Literatur bekannten Bedarfs- und Versorgungsstrukturen, wurde eine Excel-Kalkulationstabelle erstellt (vgl. Anlage 4), um spezifische Werte für die vier Häusertypen mit einem Brennstoffzellen-Heizgerät in Abhängigkeit des Gesamtwärmebedarfs, des Strombedarfs, der thermischen Leistung und der Vergütung für die selbstgenutzte bzw. eingespeiste Energie zu ermitteln. Mit Hilfe der Tabelle ist es möglich relevante Werte zu berechnen die für eine Wirtschaftlichkeitsanalyse von Bedeutung sind und auch in der weitergehenden Untersuchung verwendet werden.

Die Excel-Tabelle geht von monatlichen, prozentualen Anteilen des Gesamtwärmebedarfs, wie in Tabelle 8 aufgezeigt ist, aus. Anhand dieser Zahlen lässt sich der monatliche Wärmebedarf und mit Hilfe einer vorher festzulegenden thermischen Leistung die bereitgestellte Wärme und das mögliche Defizit an Wärme für alle Monate berechnen.

Monat	Tage	Anteil am Gesamtwärmebedarf pro Monat
Januar	31	17,00%
Februar	28	15,00%
März	31	12,00%
April	30	8,00%
Mai	31	4,00%
Juni	30	1,33%
Juli	31	1,33%
August	31	1,33%
September	30	3,00%
Oktober	31	8,00%
November	30	12,00%
Dezember	31	16,00%

Tabelle 8: Verteilung Wärmebedarf nach Leisten, et al., 2008, S.8

Auf Grundlage dieses berechneten Defizits, ist der zusätzliche Bezug an Erdgas für die Bereitstellung der benötigten Wärme zu ermitteln und die dadurch entstehenden Zusatzkosten zu errechnen. Es lässt sich dadurch auch die monatliche und tägliche Laufzeit in Stunden ermitteln. Anhand der ermittelten Laufzeit, kann die Menge an erzeugtem Strom berechnet und anhand der zuvor festgelegten Bedarfswerte, ein Überschuss bzw. ein Defizit, errechnet werden. Mit Hilfe dieser Werte muss anteilig der selbstgenutzte Strom sowie der eingespeiste Strom aufgelistet werden, da hier differente Vergütungen erfolgen. Auch die Kosten für die Defizitdeckung werden hier errechnet. Die damit ermittelten Kosten für den bezogenen Strom, die Einnahmen für den eingespeisten und selbstgenutzten Strom, sind relevant für die Wirtschaftlichkeitsberechnung. Die vier Tabellen für die Häusertypen sind im Anhang 4 einzusehen.

Im Folgenden werden die Ergebnisse für die vier Bremer Haustypen aufgezeigt und beschrieben:

	BH 1	BH 2	BH 3	BH 4	
Gesamter Wärmebedarf	17417	38912	50591	72677	kWh/a
Strombedarf:	3030	3880	9090	12120	kWh/a
Thermische Leistung:	2	4	5	7	kW
Vergütung eingespeister Strom	0,1098	0,1098	0,1098	0,1098	€
Vergütung selbstgenutzter Strom	0,0716	0,0716	0,0716	0,0716	€
Gedeckter Bedarf der Gesamtwärme:	68,60	63,29	61,28	60,00	%
Gedeckter Strombedarf:	80,19	88,80	79,49	81,15	%
Erzeugte Wärmeleistung	11948,85	24628,43	30999,95	43603,20	kWh/a
Laufzeit pro Jahr	5974,4	6157,1	6200,0	6229,0	Std/a
Laufzeit am Tag Ø	22,5	23,2	23,4	23,5	Std/d
Erzeugter Strom	4182,10	8619,95	10849,98	15261,12	kWh/a
Bezogenes Erdgas für Defizitdeckung	5292,24	13890,56	19080,08	28339,76	kWh/a
Bezogener Strom vom Netz	600,16	434,57	1864,35	2284,92	kWh/a
Bezogenes Gas vom Netz	17241,09	38518,99	50080,03	71942,96	kWh/a
Zuschüsse für Strom in 15 Jahren	5495,62	12222,82	13729,62	19499,56	€
Zuschüsse für Strom pro Jahr	366,37	814,85	915,31	1299,97	€
Zuschüsse für Stromerzeugung pro Jahr	173,98	246,69	517,36	704,19	€
Zuschüsse durch Stromeinspeisung pro Jahr	192,40	568,16	397,95	595,78	€/a
Kosten für Wärmeenergie	298,48	783,43	1076,12	1598,36	€/a
Kosten für Strombezug	133,06	96,34	413,33	506,57	€/a

Tabelle 9: Ergebnis der eigenen Berechnung

Die Tabelle 9 sowie die Abbildung 6 zeigen, dass der Gesamtwärmebedarf in den Wintermonaten nicht gedeckt werden kann, von April bis Oktober jedoch eine vollständige Versorgung durch das BZH erfolgt. Diese Tatsache beruht auf der thermischen Auslegung der KWK-Anlage. In den Wintermonaten muss also ein entsprechendes Defizit, durch zusätzlichen Bezug von Erdgas für die Wärmeversorgung, gedeckt werden. Die dabei zusätzlich entstehenden Kosten müssen in der Wirtschaftlichkeitsberechnung berücksichtigt werden. Gleichzeitig wird durch die höheren Laufzeiten in den kalten Monaten zusätzlich Strom erzeugt, der den Bedarf decken kann und darüber hinaus Strom ins Netz eingespeist werden kann. Auch diese Zahlen sind relevant für die Wirtschaftlichkeitsanalyse. Das Stromdefizit in den Sommermonaten, bedingt durch die geringere Laufzeit des Brennstoffzellen-Heizgerätes, wird ebenfalls durch Bezug vom Netz gedeckt. Es wird bewusst von einem Stromdefizit ausgegangen, um einen Ausgleich zu einer theoretischen Deckung in den Wintermonaten zu schaffen. Nicht zu deckende Spitzenlastzeiten (vgl. Abbildung 9-12) können in der Berechnung nicht berücksichtigt werden und sollen so bereinigt werden. Die dabei entstandene Ungenauigkeit ist somit zu vernachlässigen.

Die folgenden Diagramme zeigen einen ähnlichen Verlauf des Bedarfs an Energie und der erzeugten Energie. Es verändern sich die Relationen der betrachteten Werte und es wird deutlich, dass die Abstände des Bedarfs und der Deckung durch selbst produzierte Energie in den Wintermonaten mit zunehmender Häusergröße stärker auseinander gehen. Dem ließe sich nur durch eine Vergrößerung der Leistung entgegenwirken, was sich jedoch negativ auf die Wirtschaftlichkeit auswirken würde und daher wird hier eine Wärmebedarfsdeckung von ca. 60 % als Berechnungsgrundlage verwendet.

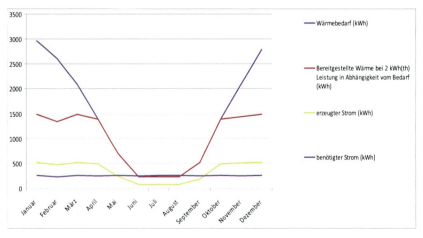

Abbildung 9: Grafische Darstellung des Bedarfs und Erzeugung im BH 1

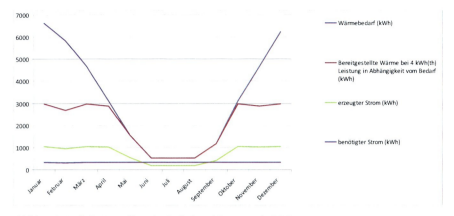

Abbildung 9: Grafische Darstellung des Bedarfs und Erzeugung im BH 2

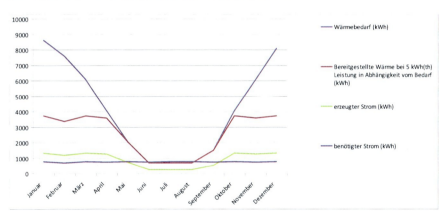

Abbildung 10: Grafische Darstellung des Bedarfs und Erzeugung im BH 3

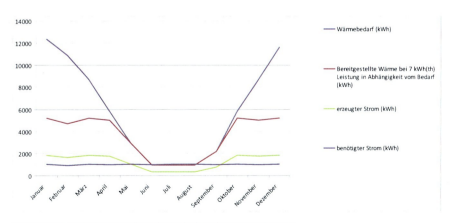

Abbildung 11: Grafische Darstellung des Bedarfs und Erzeugung im BH 4

6.3. Annuitäten-Methode

Als Datengrundlage und Rahmenbedingung für die Durchführung der Annuitätenmethode wird ein Kalkulationszinssatz von 7 %, eine Gaspreissteigerung von 6 % (gekoppelt an den Strompreis), Vergütungsmengen für selbstgenutzten Strom in Höhe von 0,0716 €/kWh und für eingespeisten Strom in Höhe von 0,1098 €/kWh angenommen. Neben der Auflistung der vier Häusertypen ist die Tabelle aufgeteilt in die drei Varianten der Kosten pro Kilowatt Leistung. Sie stellt die Ergebnisse der für alle Typen durchgeführten Wirtschaftlichkeitsanalysen mit unterschiedlichen Gerätepreisen dar.

Typ	€/kW	mittlere jährliche Kosten (€)	
		konventionelle Technik	Brennstoffzellen-Heizgerät
BH1	2000	2699,94	2541,86
	4000	2699,94	3046,92
	6000	2699,94	3551,97
BH2	2000	4763,13	4736,15
	4000	4763,13	5645,25
	6000	4763,13	6554,35
BH3	2000	7186,63	6519,43
	4000	7186,63	7542,16
	6000	7186,63	8564,9
BH4	2000	9945,56	9167,61
	4000	9945,56	10456,27
	6000	9945,56	11744,93

Tabelle 10: Ergebnisse der Berechnung der mittleren annuitätischen Kosten

Die Untersuchung aller drei Häusertypen unter Berücksichtigung der unterschiedlichen Preise und den oben genannten Einflussfaktoren zeigt, wie abhängig die Wirtschaftlichkeit der Brennstoffzellen-Heizgräte vom Systempreis ist. Bei den momentan erreichten Preisen ist eine Wirtschaftlichkeit für den Einsatz noch nicht gegeben und kann nur mit dem Erreichen des Zielpreises von mindestens 2000 € pro Kilowatt erreicht werden. Durch die dynamische Berechnung der jährlichen Kosten mit Hilfe der Annuitätenmethode zeigt sich, dass nur die günstigste Variante (2000 €) wirtschaftlich ist. Es ist eine Tendenz zu erkennen, die besagt, dass je größer das Bremer Haus, desto größer die absoluten jährlichen Einsparungen durch den Einsatz von einem Brennstoffzellen-Heizgerät.

Es ist ebenfalls zu erkennen, dass die Differenz zwischen den Kosten bei konventioneller Heiztechnik und den Kosten bei einem Einsatz des BZH mit der Wohngröße steigt.

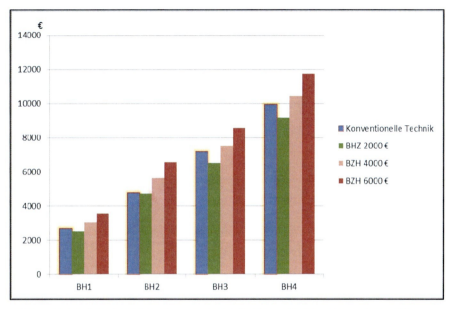

Abbildung 12: Annuitätische mittlere Kosten konventioneller Heiz- und Stromversorgung im Vergleich zu BZH

Es ist bei der Bewertung dieser Ergebnisse immer zu beachten, in welchen Größenverhältnissen die Unterschiede der jährlichen Kosten zueinander stehen und welches Risiko eine Investition mit sich bringt. Berechnet man einen Quotient aus den Werten für die konventionelle Technik und für das BZH (2000 €/kW) aus der Tabelle 10, so errechnet sich ein Wert von 1,1 für das Bremer Haus 3 und ein Wert von 1,01 für das Bremer Haus 2. Bremer Haus 1 mit 1,06 und Bremer Haus 4 mit 1,08 befinden sich dazwischen. Das Bremer Haus 3 hat nach dieser Rechnung den relativ gesehen größten Vorteil durch eine Investition.

Die als nicht sicher zu beurteilenden Faktoren, wie Energiekostensteigerung und die Vergütung für den Strom und die Wärme bzw. generell die Subventionen für den Einsatz der Kraft-Wärme-Kopplungs-Technologie, werden auf ihren Einfluss hin in einer Sensitivitätsanalyse betrachtet.

Im Folgenden werden die Ergebnisse der einzelnen Häusertypen im Detail betrachtet. Es folgt eine Angabe über die abgeschätzten Eigeninvestitionskosten für den Bestand und für die drei Kostenvarianten der Brennstoffzellen-Heizgeräte über 15 Jahre für den jeweiligen Häusertyp. Dabei wird die Investition in die neue Heiztechnik um die Zuschüsse und die Vergütungen bereinigt. Da, wie in Abbildung 5 deutlich wird, eine Investition bei einem Preis von 6000 €/kW definitiv nicht mehr wirtschaftlich ist, werden in diesem Kapitel nur noch die Varianten 2000 €/kWh und 4000 €/kWh betrachtet. Bei den folgenden Daten handelt es sich um Schätzungen und nicht um Kostenvoranschläge.

Bremer Haus 1:

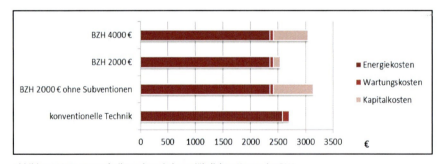

Abbildung 13: Kostenaufteilung der mittleren jährlichen Kosten im BH1

Es wird deutlich, dass die Energiekosten den größten prozentualen Anteil bei den mittleren jährlichen Kosten und die bereinigten Kapitalkosten einen geringen Anteil ausmachen. Die Investition in ein Brennstoffzellen-Heizgerät ist nach dieser durchgeführten Annuitätenberechnung als wirtschaftlich zu bewerten, da die jährlichen Kosten bei einer Investition in ein Gerät mit den Kosten von 2000 €/kWh geringer sind als die jährlichen Kosten ohne Investition in eine neue Heizungsanlage. Die Verringerung der jährlichen Kosten lässt sich auf die effizientere Energienutzung der neuen Anlage zurückführen, zu einem großen Teil aber auf die Subventionen. Denn werden die Kapitalkosten ohne Subventionen berechnet, erweist sich selbst eine verhältnismäßig günstige Anlagenvariante als unwirtschaftlich. Ausschlaggebend für eine Investitionsentscheidung in diesem Fall ist also neben dem Anlagenpreis, die Möglichkeit der subventionierten Einspeisemöglichkeit von überschüssig produziertem Strom.

Die Verringerung der Energiekosten, wie in Abbildung 6 erkennbar ist, lässt sich nicht auf einen geringeren Bezug von Stromenergie pro Jahr zurückführen, sondern auf eine Verlagerung des Bezugs von Strom hin zu einer Deckung des Strombedarfs durch selbst erzeugten Strom von ca. 80 %. Es müssen lediglich noch ca. 600 kWh/a vom Netz für die Deckung der Spitzenlast bezogen werden. Die Kosten für den Bezug von Erdgas sind deutlich geringer, als die Strombezugskosten und daher senkt sich der Gesamtenergiekostenbedarf trotz eines größeren Bezugs von kWh Energie.

Bremer Haus 2:

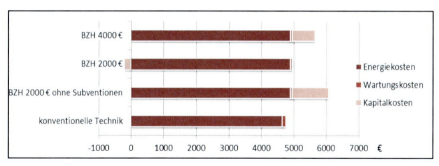

Abbildung 14: Kostenaufteilung der mittleren jährlichen Kosten im BH2

Auch im zweiten Typ Bremer Haus wird deutlich, dass die Energiekosten prozentual an den Jahreskosten den größten Anteil haben. Die Wartungskosten werden hierbei geringer und spielen im Gesamtvergleich eine untergeordnete Rolle. Auffällig sind jedoch im Vergleich zum BH1, die jährlichen Kapitalkosten, die bei einem Preis von 2000 € pro kW im negativen Bereich liegen. Im Gegensatz dazu sind sie bei einer subventionslosen Investition noch deutlich höher, als beim Preis von 4000 €.

Daraus lässt sich schließen, dass hier Einspeisevergütungen und Zuschüsse durch die Produktion von Strom erzielt werden können, die über den durchschnittlichen Eigeninvestitionen über 15 Jahre für die Anlage liegen. Dadurch kann innerhalb des Betrachtungszeitraumes eine vollständige Kostenwiedereinnahme der getätigten

Investition erfolgen, was sich zu Gunsten der Wirtschaftlichkeit auswirkt. Im direkten Vergleich zu den jährlichen Gesamtkosten bei 4000 € pro kW lässt sich ein eindeutiger Vorteil erkennen, zu der konventionellen Technik allerdings nur ein sehr geringer. Es handelt sich hierbei um einen jährlichen absoluten Kostenvorteil von 26,97 €, der bei den unsicheren Input-Faktoren und dem langen Betrachtungszeitraum nicht als wirtschaftlich zu bewerten ist. Im Gegensatz zum BH1 sind die Energiekosten mit einem Brennstoffzellen-Heizgerät höher als bei konventioneller Technik, was auf die Deckung der Gesamtwärme von ca. 63 % zurückzuführen ist. Der Heizwärmebedarf im Winter ist so groß, dass das BZH in sieben Monaten im Jahr unter Volllast läuft. Daraus ergibt sich eine Deckung des eigenen Strombedarfs von 88,8 %. Trotz voller Geräteauslastung in den Wintermonaten kann der Gesamtwärmebedarf bei angemessenem Einsatz thermischer Leistung, unter Berücksichtigung des daraus resultierenden Gerätepreises, nur so viel Wärme produzieren, dass ein jährliches Heizwärmedefizit gedeckt werden muss, indem zusätzlich 13890 kWh/a Erdgas bezogen und bezahlt werden müssen. Die lange Volllast der Anlage ermöglicht die hohen Subventionen bzw. Einspeisevergütungen, was zu den verhältnismäßig geringen annuitätischen Kosten führt.

Bremer Haus 3:

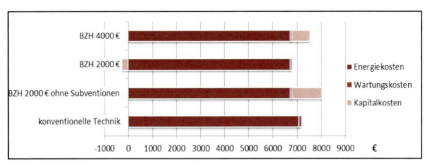

Abbildung 15: Kostenaufteilung der mittleren jährlichen Kosten im BH3

Der prozentual deutlich größere Anteil der Energiekosten an den jährlichen Gesamtkosten ist auch in der Berechnung des Bremer Haus 3 gegeben. Genau wie im Bremer Haus 1, jedoch im Gegensatz zum Bremer Haus 2, sind die Energiekosten bei dem Einsatz eines BZH geringer, als bei dem Einsatz konventioneller Heiztechnik und

Strombezug. Das lässt sich wieder auf den größeren Bezug des im Vergleich zu den Kosten pro Kilowattstunde Strom günstigeren Energiekosten von Erdgas zurückführen. Wie beim Bremer Haus 2 schon zu beobachten war, ergibt sich bei der Berechnung der jährlichen Kapitalkosten ein Negativwert, der auf die erzielten Gewinne durch Einspeisung und Vergütung zurückzuführen ist. Die Reininvestition zu Beginn des Betrachtungszeitraumes von 15 Jahren kann also komplett refinanziert und zugunsten der Wirtschaftlichkeit des BZH (2000 € pro Kilowatt Leistung) einfließen und verrechnet werden. Es berechnet sich ein annuitätischer Kostenvorteil von 667,2 € im Vergleich zur konventionellen Technik. Eine Finanzierung und Inbetriebnahme der Anlage über 15 Jahre ohne Subventionen gestaltet sich, wie in allen anderen betrachteten Objekten als unwirtschaftlich, da die annuitätischen Kosten immer über denen der konventionellen Technik liegen. Im Vergleich zum BH2 ist die Energiekostenverteilung wieder zu Gunsten des BHZ, was auch hier auf den größeren Bezug von Erdgas zurückzuführen ist. Mit einer thermischen Leistung von 5 kW können hier 61,28 % des Gesamtwärmebedarfs und 79,49 % des Strombedarfs gedeckt werden. Die dabei entstehenden Energiedefizite müssen auch hier durch das Netz gedeckt werden. Da das BZH in den Wintermonaten fast dauernd unter Volllast läuft, können hier die Überschüsse der Stromproduktion ins Netz eingespeist werden und die nötigen Gewinne durch Einspeisevergütungen erzielt werden.

Bremer Haus 4:

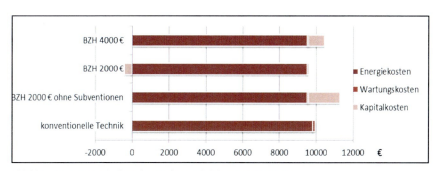

Abbildung 16: Kostenaufteilung der mittleren jährlichen Kosten im BH4

Die Kostenverteilung beim Bremer Haus 4 ähnelt sehr dem Modell BH3. Die als wirtschaftlicher zu bewertende Alternative „BZH 2000 €" kann durch die erzielten

Vergütungen ebenfalls negative annuitätische Kapitalkosten erzielen und ermöglicht so eine Refinanzierung der Anlage über 15 Jahre. Der annuitätische Kostenvorteil liegt bei dieser Variante bei 778,04 €. In dieser Rechnung macht sich ebenfalls die Umkehrung des Bezugs der Energieträger bemerkbar. Das günstigere Erdgas senkt den Energiekostenanteil. Jedoch ist auch hier, wie in den anderen drei Modellen, nur ein annuitätischer Kostenvorteil bei der Variante „BZH 2000 €" aufzuweisen. Der Einsatz eines BZH ermöglicht im BH4 eine Gesamtwärmebedarfsdeckung von 60 % und eine Strombedarfsdeckung von 81,15 %. Wie in allen Modellen können Spitzenlastzeiten nicht durch das BZH gedeckt werden und die Defizite werden durch das Netz gedeckt.

6.4. Kosten der eingesparten Kilowattstunde Energie

Die mittleren Kosten der bezogenen kWh Energie werden ermittelt, indem die gesamten bezogenen Energiekosten, aufgeteilt nach Träger und den entsprechenden spezifischen Kosten sowie den vorgegebenen Energiepreissteigerungen, für das Referenzobjekt mit dem Einsatz konventioneller Technik gemittelt werden.

Die mittleren Kosten der eingesparten kWh errechnen sich durch die Division der mittleren jährlichen Kapitalkosten und der im Vergleich zum Referenzobjekt eingesparten kWh Energie. Ist die eingesparte kWh nun billiger, als die bezogene kWh vom Versorger, ist der Einsatz des Brennstoffzellen-Heizgerätes als wirtschaftlich zu betrachten.

Bei der Betrachtung der Ergebnisse in Tabelle 11 wird ein Problem dieser Methode der Wirtschaftlichkeitsberechnung deutlich. Die Negativwerte in der Tabelle sind bedingt durch die Division der negativen Energieeinsparung. Es wird also bei keiner Methode Energie eingespart, d.h. zusammengerechnet steigt der Verbrauch an kWh Energie beim Einsatz von BZH im Vergleich zur konventionellen Technik. Diese Tastsache steht jedoch nicht der Wirtschaftlichkeit entgegen, sie zeigt vielmehr, dass nicht alle Methoden angebracht sind. Diese Methode ist eher für die Berechnung der Wirtschaftlichkeit von gebäudetechnischen Sanierungsmaßnahmen geeignet, da diese eine Verringerung des Gesamtwärmebedarfs zur Folge haben und damit auch Energieeinsparungen nach sich ziehen. Der Einsatz der BZH steht eher im Kontext der Energieeffizienz und des Wechsels des hauptsächlich bezogenen Energieträgers. Eine Energieeinsparung im Sinne von Verringerung des Bezugs von kWh Energie ist hierbei nicht zu verzeichnen. Diese Methode wird also in der Untersuchung nicht weiter betrachtet und wurde aufgezeigt, um die Relevanz der vorrangegangenen Untersuchung zu bestärken.

Typ	€/kW	mittlere Kosten der bezogenen kWh (€) konventionelle Technik	mittlere Kosten der eingesparten kWh (€) Brennstoffzellen-Heizgerät
BH1	2000	0,13	-0,05
	4000	0,13	-0,23
	6000	0,13	-0,42
BH2	2000	0,11	0,02
	4000	0,11	-0,07
	6000	0,11	-0,15
BH3	2000	0,12	0,02
	4000	0,12	-0,06
	6000	0,12	-0,15
BH4	2000	0,12	0,02
	4000	0,12	-0,05
	6000	0,12	-0,12

Tabelle 11: Ergebnisse der Berechnung der Kosten der eingesparten kWh Energie

6.5. Sensitivitätsanalyse

Die Sensitivitätsanalyse findet auf Basis der bereits angewandten Annuitätenmethode statt und untersucht verschiedene Faktoren auf ihre Relevanz für die Wirtschaftlichkeit. Es soll herausgefunden werden, ob und welchen Einfluss variierende Größen für die Gaspreisentwicklung, den Kalkulationszinssatz und die Vergütungen und Subventionen auf die Wirtschaftlichkeit haben. Dabei wird jeweils von einem optimistisch, einem potenziell realen und einem pessimistisch angelegten Wert ausgegangen. Die Werte wurden auf Basis von Literaturrecherche, Einschätzungen und Erfahrungswerten vorangegangener Untersuchungen festgelegt. Sie spiegeln dabei keine real festgelegten Werte wider, sondern dienen lediglich der Möglichkeit eine Sensitivitätsanalyse durchführen zu können. Die Untersuchungsmethode verlangt die Festlegung dieser Werte und der Betrachtungszeitraum von 15 Jahren erlaubt in diesem Fall keine schwankenden Werte. Es muss also immer eine gewisse Unsicherheit der Prognosen über beispielsweise die Preisentwicklung in der Bewertung der Ergebnisse berücksichtigt werden.

Energiekostenentwicklung

Pessimistischer Wert:	Strom 4,5%; Erdgas 9%
Potenzieller Realwert:	Strom 3%; Erdgas 6 %
Optimistischer Wert:	Strom 1,5%; Erdgas 3%

Da die Gaspreisentwicklung an den Ölpreis und damit auch an die Strompreise gekoppelt ist, wird ein paralleles Wachstum vorausgesetzt. Es wird ebenfalls von einem gleichermaßen verlaufenden Wachstum ausgegangen, da die Annuitätenmethode einen festen Wachstumsfaktor für den entsprechenden Betrachtungszeitraum von 15 Jahren voraussetzt und verwendet. Da die Gaslieferverträge teilweise über mehrere Jahrzehnte festgeschrieben sind und keine konkreten Preise beinhalten, um eine Anpassung an die jeweilige Wettbewerbssituation zu gewährleisten, ist es schwierig, ein konstantes Wachstum vorauszusetzen (vgl. Möller et al., 2005, S.458). Die vertragliche Bindung des Gaspreises an den Ölpreis bewirkt einerseits eine Preissteigerung bei steigenden Ölpreisen, soll aber auch eine Senkung des Erdgaspreises bei sinkenden Ölpreisen gewährleisten. Es wird also von einer parallel, über den Betrachtungszeitraum wachsenden Preissteigerung, ausgegangen.

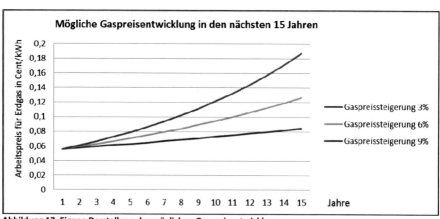

Abbildung 17: Eigene Darstellung der möglichen Gaspreisentwicklung

Subventionen/Vergütung

Pessimistischer Wert:	keine Vergütung für eingespeisten und selbst genutzten Strom
Potenzieller Realwert:	Vergütung für Einspeisung 10,98 ct/kWh; Vergütung für selbstgenutzten Strom aus Kraft-Wärme-Kopplung: 7,16 ct/kWh
Optimistischer Wert:	Erhöhung um 50% des potenziellen Realwertes

Da eine Aussage über mögliche zukünftige Subventionen reine Spekulation wäre und die Entwicklung der Einspeisevergütungen bzw. der Vergütungen für die selbstgenutzte Energie, zwar teilweise für die nächsten Jahre festgelegt ist, jedoch einmalige Subventionen von Land zu Land und von Anbieter zu Anbieter divergieren, ist eine konkrete Aussage über eine bessere Vergütung schwer zu treffen. Es wird daher von einer 50% Steigerung der aktuellen Vergütungen ausgegangen, um einen optimistischen Faktor in die Sensitivitätsanalyse einfließen zu lassen.

Kalkulationszinssatz

Pessimistischer Wert:	10 %
Potenzieller Realwert:	7% als Referenzgröße und Grundlage der vorangegangenen Annuitätemethode
Optimistischer Wert:	4 %

Mit Hilfe des Kalkulationszinssatzes findet eine Zeitausgleichfunktion statt und die Vergleichbarkeit der verschiedenen Investitionsmodelle wird möglich. Er stellt die Bewertungsgrundlage des Kapitalwertes dar und hat damit eine große Rolle in der Bewertung der Vorteilhaftigkeit von Investitionen. Da in dieser Untersuchung keine Finanzierung, also Eigen-, Fremd-, oder Mischfinanzierung festgelegt ist, kann eine klare Definition des Kalkulationszinssatzes nicht erfolgen. Er dient, wie in Kapitel 6.1 bereits beschrieben, der Abzinsung zukünftiger Zahlungen und kann daher auch die Möglichkeiten heutiger und zukünftiger Investitionen aufzeigen (vgl. Götze, 2006,

S.88). Die jährlichen Zahlungen können also auf einen bestimmten Bezugszeitpunkt hin abgezinst werden. Die Festlegung des Kalkulationszinssatzes bei einer Investitionsbeurteilung ist insofern relevant für den Investor, als dass er dadurch beurteilen kann, ob eine Unternehmung, in diesem Fall die Investition in ein BZH, grundsätzlich abhängig vom eingesetzten Kapital ist und wie hoch das eingegangene Risiko der Investition ist. Je geringer also der Kalkulationszinssatz, desto geringer die Abzinsungen der Zahlungen und damit das Risiko der Investition.

Anhand dieser Annahmen und Voraussetzungen ergibt sich eine, auf Grundlage der gesamten vorrangegangenen Berechnungen, Ergebnistabelle mit den Werten jeder möglichen Kombination der Einflussfaktoren. Daraus lässt sich die optimale Ausgangslage bzw. Entwicklung für eine Investition ablesen und bewerten. Als Ergebniswert der Sensitivitätsanalyse und damit als Vergleichswert, wird die jährliche Kostenersparnis herangezogen. Das ist der Wert, der sich aus der Differenz der Annuitäten des Bremer Hauses mit konventioneller Technik und des Bremer Hauses mit Einsatz eines BZH, unter Einfluss der verschiedenen Faktoren wie Kosten pro Kilowatt, Kalkulationssatz, Gaspreissteigerung und Vergütung, ergibt. Ist dieser Wert negativ, ist eine Investition in ein BZH nicht wirtschaftlich, ist der Wert positiv, ist eine Investition wirtschaftlich.
Die folgenden Tabellen zeigen die Ergebnisse aller für die Sensitivitätsanalyse relevanten Einflussfaktoren-Kombinationen und zeigen bei welchen potentiellen Voraussetzungen eine Wirtschaftlichkeit gegeben ist und wann sie nach den Berechnungen auszuschließen ist.

Gaspreisentwicklung	3%			6%			9%			Kalkulationszinssatz
Kosten pro kW										
2.000 €	-290 €	201 €	446 €	-313 €	178 €	424 €	-354 €	137 €	382 €	4%
4.000 €	-704 €	-213 €	33 €	-726 €	-235 €	10 €	-768 €	-277 €	-32 €	
6.000 €	-1.118 €	-627 €	-381 €	-1.140 €	-649 €	-404 €	-1.182 €	-691 €	-445 €	
2.000 €	-421 €	178 €	478 €	-441 €	158 €	476 €	-478 €	122 €	421 €	7%
4.000 €	-926 €	-327 €	-27 €	-946 €	-347 €	-47 €	-983 €	-384 €	-84 €	
6.000 €	-1.431 €	-832 €	-532 €	-1.451 €	-852 €	-552 €	-1.488 €	-889 €	-589 €	
2.000 €	-6 €	153 €	512 €	-580 €	136 €	494 €	-614 €	104 €	462 €	10%
4.000 €	-1.169 €	-452 €	-93 €	-1.187 €	-469 €	-110 €	-1.219 €	-501 €	-142 €	
6.000 €	-1.774 €	-1.056 €	-697 €	-1.792 €	-1.074 €	-715 €	-1.824 €	-1.106 €	-747 €	
Vergütung	keine	aktuelle	+50%	keine	aktuelle	+50%	keine	aktuelle	+50%	

Tabelle 12: Ergebnisse der Sensitivitätsanalyse BH1

Gaspreispreisentwicklung	3%			6%			9%			
Kosten pro kW										Kalkulationszinssatz
2.000 €	-980 €	119 €	669 €	-1.132 €	-33 €	517 €	-1.349 €	-150 €	300 €	
4.000 €	-1.725 €	-626 €	-76 €	-1.877 €	-778 €	-228 €	-2.094 €	-994 €	-445 €	4%
6.000 €	-2.469 €	-1.370 €	-821 €	-2.622 €	-1.522 €	-973 €	-2.838 €	-1.739 €	-1.189 €	
2.000 €	-1.177 €	165 €	836 €	-1.315 €	27 €	698 €	-1.509 €	-167 €	504 €	
4.000 €	-2.086 €	-744 €	-73 €	-2.224 €	-882 €	-211 €	-2.418 €	-1.076 €	-406 €	7%
6.000 €	-2.961 €	-1.653 €	-982 €	-3.133 €	-1.791 €	-1.120 €	-3.327 €	-1.986 €	-1.315 €	
2.000 €	-1.393 €	214 €	1.017 €	-1.518 €	89 €	892 €	-1.692 €	-85 €	718 €	
4.000 €	-2.481 €	-875 €	-71 €	-2.607 €	-1.000 €	-196 €	-2.781 €	-1.174 €	-371 €	10%
6.000 €	-3.570 €	-1.963 €	-1.160 €	-3.695 €	-2.089 €	-1.285 €	-3.869 €	-2.263 €	-1.459 €	
Vergütung	keine	aktuelle	+50%	keine	aktuelle	+50%	keine	aktuelle	+50%	

Tabelle 13: Ergebnisse der Sensitivitätsanalyse BH2

Gaspreispreisentwicklung	3%			6%			9%			
Kosten pro kW										Kalkulationszinssatz
2.000 €	-499 €	735 €	1.353 €	-635 €	600 €	1.218 €	-848 €	387 €	1.004 €	
4.000 €	-1.337 €	-102 €	515 €	-1.472 €	-238 €	380 €	-1.686 €	-451 €	166 €	4%
6.000 €	-2.175 €	-940 €	-323 €	-2.310 €	-1.075 €	-458 €	-2.524 €	-1.289 €	-671 €	
2.000 €	-718 €	789 €	1.543 €	-840 €	667 €	1.421 €	-1.030 €	477 €	1.231 €	
4.000 €	-1.741 €	-234 €	520 €	-1.863 €	-356 €	398 €	-2.053 €	-545 €	208 €	7%
6.000 €	-2.764 €	-1.256 €	-503 €	-2.886 €	-1.378 €	-625 €	-3.075 €	-1.568 €	-814 €	
2.000 €	-958 €	847 €	1.749 €	-1.068 €	737 €	1.640 €	-1.236 €	569 €	1.471 €	
4.000 €	-2.183 €	-378 €	524 €	-2.293 €	-488 €	415 €	-2.461 €	-656 €	246 €	10%
6.000 €	-3.408 €	-1.603 €	-700 €	-3.517 €	-1.721 €	-810 €	-3.686 €	-1.881 €	-978 €	
Vergütung	keine	aktuelle	+50%	keine	aktuelle	+50%	keine	aktuelle	+50%	

Tabelle 14: Ergebnisse der Sensitivitätsanalyse BH3

Gaspreispreisentwicklung	3%			6%			9%			
Kosten pro kW										Kalkulationszinssatz
2.000 €	-864 €	890 €	1.767 €	-1.082 €	672 €	1.549 €	-1.417 €	337 €	1.214 €	
4.000 €	-1.919 €	-166 €	711 €	-2.138 €	-384 €	493 €	-2.472 €	-719 €	158 €	4%
6.000 €	-2.975 €	-1.221 €	-344 €	-3.193 €	-1.439 €	-562 €	-3.528 €	-1.774 €	-897 €	
2.000 €	-1.166 €	975 €	2.045 €	-1.363 €	778 €	1.848 €	-1.661 €	480 €	1.550 €	
4.000 €	-2.455 €	-314 €	757 €	-2.652 €	-511 €	560 €	-2.950 €	-809 €	261 €	7%
6.000 €	-3.743 €	-1.603 €	-532 €	-3.940 €	-1.799 €	-729 €	-4.239 €	-2.098 €	-1.027 €	
2.000 €	-1498 €	1.066 €	2.347 €	-1.675 €	888 €	2.170 €	-1.941 €	623 €	1.904 €	
4.000 €	-3.041 €	-478 €	804 €	-3.219 €	-655 €	627 €	-3.484 €	-920 €	361 €	10%
6.000 €	-4.584 €	-2.021 €	-739 €	-4.762 €	-2.198 €	-916 €	-5.027 €	-2.464 €	-1.182 €	
Vergütung	keine	aktuelle	+50%	keine	aktuelle	+50%	keine	aktuelle	+50%	

Tabelle 15: Ergebnisse der Sensitivitätsanalyse BH4

Die vier vorangehenden Tabellen zeigen alle eine Tendenz, die sich durch die vier Häusertypen in ihrem Muster gleich fortsetzt. Jedoch divergieren die Ergebnisse voneinander bedingt durch die Wohngröße der einzelnen Objekte. Tendenziell sind mit zunehmender Größe mehr Kombinationen als wirtschaftlich zu bewerten. Den größten Einfluss auf die Wirtschaftlichkeit von Brennstoffzellen-Heizgeräten im Bremer Haus haben die Kosten pro Kilowatt, also die Gerätkosten und die Vergütungen für den selbstgenutzten sowie eingespeisten Strom. Grundsätzliche sind alle BZH mit einem Leistungspreis von 6000 € als nicht wirtschaftlich zu bewerten. Selbst mit einer Aufstockung der Vergütungsbeträge lässt sich das nicht erzielen. Anders hingegen entwickelt sich die Wirtschaftlichkeit bei den 4000 €/kW Brennstoffzellen-Heizgeräten. So kann im Bremer Haus 1 bei einem kleinen Kalkulationszinssatz und einer drei- bis sechs-prozentigen Gaspreissteigerung ein Einsatz eines entsprechend teureren Gerätes als wirtschaftlich bezeichnet werden.

Betrachtet man jedoch die Werte, die bei einem annuitätischen Kostenvorteil von 33 € und 10 € liegen, ist dieses Ergebnis als sehr unsicher anzusehen. Es kommt also im Bremer Haus 1 nur die kostengünstigste BHZ-Variante als Einsatzobjekt in Frage. Der Kostenvorteil, der im Schnitt bei 100 € bis 200 € liegt, lässt sich durch eine um 50 % erhöhte Einspeise- und Selbstnutzervergütung deutlich steigern. Ohne Vergütung ist der Einsatz in keiner Konstellation wirtschaftlich. Es ist allerdings zu beachten, dass bei einer drei-prozentigen Gaspreissteigerung das günstigste BZH bei einem Kalkulationszinssatz von 10 % und ohne Vergütung lediglich einen jährlichen Nachteil von -6 € aufweist. Die Grenze zur Wirtschaftlichkeit ist hier also fast überschritten und lässt durchaus den Schluss zu, dass bei einer noch günstigeren Gerätevariante ein wirtschaftlicher Einsatz möglich ist.

Das Bremer Haus 2 weist im Vergleich zu den anderen drei untersuchten Typen, die wenigsten als wirtschaftlich zu bewertenden Kombinationen auf. Es zeigt sich sogar, dass der Einsatz von der günstigsten 2000 €/kW Variante bei einer neun- prozentigen Gaspreissteigerung nicht mehr wirtschaftlich ist und nur durch eine Erhöhung der Vergütungen ein wirtschaftlicher Einsatz realisiert werden kann. Die 4000 € Variante ist in keinem Fall sinnvoll einsetzbar. Bei einer sechs-prozentigen Gaspreissteigerung ist der Einsatz nur bei Ansetzung eines Kalkulationszinssatzes von 7 % oder 10 % wirtschaftlich. Und selbst diese Werte sind so gering, dass das Ergebnis als sehr risikoreich zu bewerten ist. Im Vergleich zu den anderen Typen ist das Bremer Haus 2 das als am ungünstigsten und unsichersten zu bewertende Haus. Lediglich durch sehr optimistisch anzusehende Einflussfaktoren wie geringe Preissteigerung, hohe Vergütung und hoch angesetzter Kalkulationszinssatz ist ein Einsatz wirtschaftlich sinnvoll.

Der dritte Typ Bremer Haus weist bei dem Einsatz der 2000€/kW BZH und den aktuellen Vergütungen für die Nutzung und Einspeisung selbst erzeugten Stroms aus Kraft-Wärme-Kopplung, eine durchaus als wirtschaftlich zu bewertende Alternative zur konventionellen Versorgung auf. Dabei kann im besten Fall ein absoluter jährlicher Kostenvorteil von 878 € entstehen. Eine Erhöhung der Vergütungen um 50 % bewirkt sogar einen wirtschaftlichen Einsatz der teureren 4000 €/kW BZH. Die Vorteile in diesem Fall variieren dann noch bedingt durch die unterschiedliche Gaspreissteigerung. Ohne Subventionen ist aber auch im Bremer Haus 3 kein wirtschaftlicher Einsatz von Brennstoffzellen-Heizgeräten zu erreichen. Eine Wirtschaftlichkeit bei dem Einsatz der teuersten BZH Variante wird auch durch eine Vergütungserhöhung in keiner Kombination erreicht.

Die Ergebnisse der Sensitivitätsanalyse des Bremer Haus 4, ähneln den Ergebnissen des BH3. Die günstigste BZH Variante ist bei aktueller Vergütung als wirtschaftlich zu bewerten und bei einer Vergütungserhöhung um 50 % noch deutlich wirtschaftlicher. Die Erhöhung bewirkt ebenfalls einen wirtschaftlichen Einsatz der 4000 €/kW BZH Variante. Das teuerste BZH ist in keiner Konstellation wirtschaftlich. Es ist nach diesen Berechnungen ebenfalls nicht möglich ein Brennstoffzellen-Heizgerät ohne Nutzungs-, und Einspeisevergütungen wirtschaftlich zu betreiben.

7. Auswertung der Ergebnisse und Handlungsempfehlung

Es lassen sich mit Hilfe der berechneten Ergebnisse Tendenzen aufzeigen, die im Folgenden erläutert und in Bezug auf die Untersuchungsthesen überprüft werden:

> 1. Ein Brennstoffzellen-Heizgerät kann alle vier zu untersuchenden Typen Bremer Haus im Jahresmittel vollständig mit Strom versorgen.

Die erste These ist nach den Untersuchungen eindeutig abzulehnen. Einerseits zeigt die Recherche in der Literatur sowie die Informationen seitens der BZH Hersteller, dass eine vollständige Versorgung nicht möglich bzw. angestrebt ist. Auch die Berechnungen der Bedarfs- und Versorgungsstrukturen mit Hilfe der Excel-Tabelle (Ergebnisse dargestellt in Tabelle 9) zeigen, dass bei angemessener Leistung der Brennstoffzellen -Heizgeräte eine Versorgung von ca. 80 - 81 % des Strombedarfs erreicht werden kann. Eine Vollversorgung wäre zwar rechnerisch möglich, würde aber bei einer thermischen Anlegung des BZH zu einer Überdimensionierung der Anlage führen, die sich deutlich negativ auf die Wirtschaftlichkeit auswirkt.

Die Berechnungen zeigen jedoch, dass durch die Effizienz, die Wirkungsgrade und die Kostenvorteile in Bezug auf den Energieträger, bei bestimmten Konstellationen der Einflussfaktoren ein Ergebnis ermittelt wird, welches dem BZH eine Wirtschaftlichkeit beimisst. Die Möglichkeit bzw. der Anspruch einer Vollversorgung mit Strom ist im Kontext der Wirtschaftlichkeit kein relevanter Entscheidungsfaktor und darf nicht als abschreckend bewertet werden. Zeitweise Überproduktion kann durch Einspeisevergütungen Defizite und damit vermeintliche Mehrkosten zu Spitzenlasten ausgleichen. Die Größe, also der Typ der Bremer Häuser, spielt in diesem Zusammenhang keine Rolle, da die prozentuale, potenziell berechnete Versorgung auf einem Niveau liegt.

> 2. Ein Brennstoffzellen-Heizgerät kann alle vier zu untersuchenden Typen des Bremer Hauses im Jahresmittel vollständig mit Heiz- und Warmwasserwärme versorgen.

Diese zweite These ist ähnlich wie die erste Untersuchungsthese zu beantworten. Auch hier ist es rechnerisch nicht möglich, maßgeblich auch bedingt durch den sehr hohen Heizenergiebedarf der untersuchten Bestandsgebäude, eine vollständige Versorgung von Heiz- und Warmwasserwärme zu gewährleisten. Auch in diesem Fall sind die Spitzenlastzeiten nicht zu decken und müssen anderweitig gedeckt werden. Es ist hier bei einer Anlegung entsprechender thermischer und elektrischer Leistung ein Deckungsgrad von ca. 60 – 68 % erreichbar. Auch hier wäre eine Vollversorgung rechnerisch möglich, würde allerdings in noch größerem Maße als im vorrangegangenen Beispiel, zu einer Überdimensionierung der Anlage führen. Dadurch wäre zwar eine Vollversorgung möglich, das würde allerdings zu massiver Stromüberproduktion führen, was nicht im Sinne des in dieser Untersuchung festgelegten Selbstversorgers wäre. Außerdem würden die Anschaffungskosten (Kosten in Abhängigkeit der Leistung) so stark steigen, dass eine Wirtschaftlichkeit des Gerätes nicht mehr erreichbar wäre.

3. *Das BZH ist nach einer Bewertung der vier Gebäudetypen durch das Kurzverfahren Energieprofil und der Annuitätenmethode ökonomisch sinnvoller als die zu vergleichende konventionelle Versorgung von Strom und Wärme.*

Die dritte Untersuchungsthese ist weder anzunehmen, noch abzulehnen. Die differenzierte Betrachtung der Einflussfaktoren in der Sensitivitätsanalyse zeigt, dass die verschiedenen Größen unterschiedliche Einflüsse auf die Wirtschaftlichkeit und damit die absoluten annutätischen Kostenvorteile gegenüber den konventionellen Systemen haben. Wird die These allerdings unter den Annahmen der durchgeführten Annuitätenmethode betrachtet, ist es zulässig zu sagen, dass ein Brennstoffzellen-Heizgerät mit einer Leistung-Kosten-Kennzahl von 2000 €/kW bei den Rechnungen in allen vier Häusertypen als wirtschaftlicher zu bewerten ist, als die konventionelle Methode. Es kann also als sinnvoll betrachtet werden, wenn ein Preis-Leistungsverhältnis von der entsprechenden Größenordnung im Zuge der Markteinführung von BZH erreicht wird. Es ist eine energetische Betrachtung des individuellen Bremer Hauses in Bezug auf einen Wechsel zu einem Brennstoffzellen-Heizgerät durchzuführen. Wird jedoch der Preis, wie beispielsweise von Wendt, 2006, S.50 nicht erreicht, so ist ein ökonomischer Vorteil nach dieser Rechnung auszuschließen.

> **4. Die Wirtschaftlichkeit der Brennstoffzellen-Heizgeräte steigt mit zunehmender Gebäudegröße. Für die Gebäude BH1 und BH2 ist keine Wirtschaftlichkeit gegeben, wohingegen BH3 und BH4 sich als wirtschaftlich herausstellen.**

Der erste Teil der vierten Untersuchungsthese ist anzunehmen, der zweite Teil jedoch nicht. Tendenziell lassen sich mit steigender Wohngröße auch unter teilweise schlechteren Bedingungen, wie geringere Einspeisevergütungen, steigenden Gaspreisen oder teurere Brennstoffzellen-Heizgeräte, wirtschaftliche Situationen errechnen. So ist beispielsweise im Bremer Haus drei und vier, bei steigender Einspeisevergütung, aber deutlich teureren Gerätepreisen pro Kilowatt Leistung, trotzdem ein Vorteil gegenüber der konventionellen Versorgung aufzuweisen.

Die kleinsten beiden untersuchten Bremer Häuser weisen in der Sensitivitätsanalyse zwar die geringste Anzahl wirtschaftlicher Kombinationen der Voraussetzungen auf, können aber trotzdem bei angemessenen Gerätepreisen von maximal 2000 €/kW einen Kostenvorteil aufweisen und stellen sich so wie die großen Häuser als geeignete Einsatzobjekte dar. Demnach ist kein Typ direkt auszuschließen, sondern alle sind geeignet, sich einer detaillierten, individuellen, energetischen Untersuchung zu unterziehen, um eine genauere Wirtschaftlichkeitsanalyse durchzuführen. Die Höhe der Kostenvorteile wird jedoch divergieren und mit der Häusergröße zunehmend steigen. Diese Zahl ist allerdings relativ zu Wohngröße und Zahl der Bewohner zu betrachten und zu bewerten.

> **5. Die Wirtschaftlichkeit der Brennstoffzellen-Heizgeräte ist in großem Maße von den Investitionskosten abhängig.**

Die Betrachtung der Ergebnisse der Sensitivitätsanalyse zeigt, dass die Kosten pro Kilowatt-Leistung, neben einer 50 % Steigerung der Einspeisevergütungen, einen sehr großen Effekt auf die Wirtschaftlichkeit haben. Demnach ist als Ergebnis festzuhalten, dass die aktuell mit etwa 4000 €/kW teuren Brennstoffzellen noch deutlich zu teuer sind, um wirtschaftlich betrieben werden zu können. Hier können nur größere Einspeise- und Nutzungsvergütungen entgegenwirken, was kurzfristig eine Marktein-führung fördern, aber langfristig keine Marktetablierung zur Folge haben kann. Die Produktion auf Masse und die Sicherheit der Abnahme der Brennstoffzellen muss gewährleistet sein, um sie auf den Maximalpreis und damit wirtschaftlichen Preis von 2000 €/kW zu bringen.

8. Fazit

Die Untersuchung verknüpft verschiedene Methoden zur Beurteilung der Wirtschaftlichkeit. Als Ergebnis stehen jährliche Zahlungswerte zur Verfügung, die direkt miteinander verglichen werden können. Die Wirtschaftlichkeit im Sinne dieser durchgeführten Vorteilhaftigkeitsanalyse, mit Hilfe der für die Annuitätemethode festgelegten Einflussfaktoren, ist demnach in keinem Bremer Haus gegeben. Allerdings kann, wie die Sensitivitätsanalyse zeigt, ein annuitätischer Kostenvorteil errechnet werden, wenn optimistischere Werte für den Gerätepreis oder für die Vergütungen angenommen werden. Diese beiden Faktoren werden als maßgeblich und einflussreich herausgestellt. Wird das Ziel von unter 2000 € pro Kilowatt-Leistung erreicht, ist eine für das individuelle Bremer Haus ausgerichtete, energetische Untersuchung sowie Wirtschaftlichkeitsanalyse als sinnvoll zu betrachten, da mit diesem Gerätepreis deutlich Vorteile errechnet werden können. Dabei kann nach dieser Untersuchung die Aussage getroffen werden, je größer das Haus, desto größer die absoluten, jährlichen Kostenvorteile. Relativ betrachtet stellt sich das Bremer Haus 3, mit dem in Kapitel 6.3 höchsten errechneten Quotienten, als optimalstes Objekt für ein BZH dar und das Bremer Haus 2 als vermeintlich schlechtestes. Seitens der Politik müsste also eine Aufstockung der Vergütungen für die dezentrale Stromerzeugung durch Kraft-Wärme-Kopplung stattfinden, um einen größeren Anreiz für Hauseigentümer zu schaffen, in Brennstoffzellen-Heizgeräte im Bremer Haus zu investieren.

Die Größe der Bremer Häuser steht in enger Verbindung zu den errechneten annuitätischen Kostenvorteilen gegenüber der konventionellen Heizungstechnik. Eine Vergrößerung der betrachteten, beheizten Wohnfläche, durch Zusammenlegung zweier Häuser bei der Nutzung eines gemeinsamen BZH in Form eines virtuellen Kraftwerkes, führt demnach zu größeren Kostenvorteilen. Damit soll auch die anfangs gestellte Frage der gemeinsamen Nutzung noch einmal aufgegriffen werden. Es scheint ein Potenzial in der gemeinsamen Nutzung zu stecken, die jedoch auf Grund der Eigentumsstruktur erst grundsätzlich auf die Bereitschaft der Hauseigentümer hin untersucht werden muss. Daher wäre es sinnvoll zu erforschen ob eine gemeinsame Nutzung von BZH in Bremer Häusern seitens der Eigentümer interessant wäre, welche Hemmnisse dem entgegenstehen und welche Maßnahmen sinnvoll wären diese

Barrieren abzubauen. Besonders für kleine Bremer Häuser wäre ein solcher BZH-Betrieb interessant, da so wirtschaftliches Betreiben potenziell möglich wäre.

Literaturverzeichnis

Barbir, Frano (2007): Fuel Cells for Clean Power Generation: Status and Perspectives, In: Sheffield, John W.; Sheffield, Çiğdem (2007): Assessment of Hydrogen Energy for Sustainable Development, Springer: Dordrecht, The Netherlands.

Blesl, Markus; **Kober**, Tom; **Bruchof**, David; **Kuder**, Ralf (2008): Beitrag von technologischen und strukturellen Veränderungen im Energiesystem der EU-27 zur Erreichung ambitionierter Klimaschutzziele, In: ZfE Zeitschrift für Energiewirtschaft 04/2008, S.219-229, Wiesbaden: Vieweg & Teuber Verlag.

Böhm, Karsten (2003): Dynamische Simulation der Kraft–Wärme–Kopplung mit erdgasbetriebenem Brennstoffzellen–Heizgerät im Einfamilienhaus, Technische Universität Leipzig, Dissertation, 192 S.

Callux (2011): Callux, Praxistest Brennstoffzelle fürs Eigenheim, URL: http://www.callux.net/, 22.03.2011.

Droste-Franke, Bert; **Berg**, Holger; **Kötter**, Annette; **Krüger**, Jörg; Mause, **Karsten**; Pielow, Johann-Christian; **Romey** Ingo; **Ziesemer** Thomas (2009): Brennstoffzellen und Virtuelle Kraftwerke Energie-, umwelt- und technologiepolitische Aspekte einer effizienten Hausenergieversorgung, Berlin [u.a.]: Springer Verlag.

Enseling, Andreas (2003): Leitfaden zur Beurteilung der Wirtschaftlichkeit von Energiesparinvestitionen im Gebäudebestand, Institut Wohnen und Umwelt GmbH: Darmstadt.

Fachhochschule Braunschweig/Wolfenbüttel (2011): LEG Formelsammlung, URL: http://www.delta-q.de/cms/de/fuer_studenten/wirtschaftlichkeit.html#LEG, 05.10.2011.

Institut für Energie Leipzig (IEL) (2009): Vollkostenvergleich Heizsysteme 2009 - Informationen für Verbraucher vom IE Leipzig, 30. Oktober 2009, 70 S.

Diekmann, Andreas (2006): Empirische Sozialforschung, Grundlagen, Methoden, Anwendungen, Reinbek bei Hamburg: Rowohlt Taschenbuch Verlag.

Götze, Uwe (2006): Investitionsrechnung, modelle und Analysen zur beurteilung von Investitionsvorhaben, 5. Auflage, Berlin (u.a.): Springer Verlag.

Enseling, Dr. Andreas; **Hinz**, Eberhard (2008): Wirtschaftlichkeit energiesparender Maßnahmen im Bestand vor dem Hintergrund der novellierten EnEV, Darmstadt: Institut für Wohnen und Umwelt GmbH.

Hinkel, Dirk; **Kurscheid**, Eva Marie; **Miluchev**, Margarit (2009): Wirtschaftlichkeitsanalyse eines virtuellen Minutenreserve-Kraftwerks aus dezentralen Klein-Kraft-Wärme-Kopplungsanlagen, In: ZfE Zeitschrift für Energiewirtschaft 02/2009, S.127-134, Wiesbaden: Vieweg & Teubner Verlag.

IEK – Institut für Energie- und Klimaforschung (2003): Brennstoffzellensysteme in der Entwicklung, URL: http://www2.fz-juelich.de/ief/ief-3/brennstoffzellen/allgemeines/anwendungen/, 04.10.2011.

Jangnow, Kati; **Wolff**, Dieter (2009): Wirtschaftlichkeitsbewertung von Energieeinsparmaßnahmen, Braunschweig/Wolfenbüttel, URL: http://www.delta-q.de/export/sites/default/de/downloads/Wirtschaftlichkeit_Energieberatung.pdf, 06.10.2011.

Jungbluth, Christian Herbert (2006): Kraft-Wärme-Kopplung mit Brennstoffzellen in Wohngebäuden im zukünftigen Energiesystem, Jülich: Forschungszentrum Jülich GmbH.

Karl, Jürgen (2006): Dezentrale Energiesysteme, Neue Technologien im liberalisierten Energiemarkt, München: Oldenbourg Wissenschaftsverlag.

Lehrstuhl Technischer Ausbau (**LSTA**) (2011): Berechnung der Normheizlast nach DIN EN 12831, TU Cottbus, URL: http://www.tu-cottbus.de/LSTA/_downloads/DIN12831_SuR.pdf, 22.03.2011.

Leisten, Rainer; **Mathiak**, Jens; **Roes**, Jürgen (2002): Wirtschaftlichkeit von brennstoffzellenanlagen zur dezentralen Hausenergieversorgung, In: BWK - Brennstoff, Wärme, Kraft, 3/2002, Springer-Verlag, Februar 2002.

Loga, Tobias; **Diefenbach**, Nikolaus; **Knissel**, Jens; **Born**, Rolf (2005): Kurzverfahren Energieprofil: Ein vereinfachtes, statistisch abgesichertes Verfahren zur Erhebung von Gebäudedaten für die energetische Bewertung von Gebäuden., Stuttgart: Frauenhofer IRB Verkag.

Loske, Reinhard; **Schaeffer**, Roland (Hg.) (2005): Die Zukunft der Infrastrukturen – Intelligente Netzwerke für eine nachhaltige Entwicklung, Marburg: Metropolis-Verlag.

Möller, Andrea; **Niehörster**, Christof; **Waschulewski**, Bernd: Ölpreisbildung auf dem Prüfstand, In: Gas – Erdgas – GWF, Nr.9, München: Oldenbourg Industrieverlag.

Pehnt, Martin et al. (2006): Micro Cogeneration – Towards Decentralized Energy Systems. Berlin/Heidelberg: Springer Verlag.

Remme, Uwe (2006): Forschungsbericht: Zukünftige Rolle erneuerbarer Energien in Deutschland: Sensitivitätsanalysen mit einem linearen Optimierungsmodell. Universität Stuttgart, Dissertation, 337. S.

Ritzenhoff, Peter (2010): Energetische Sanierung und Wohnkomfort. Hochschule Bremerhaven, Powerpoint Präsentation vom 21.04.2010, 19 S.

Ruhland, Johannes; **Herud**, Ralf (2009): Wärmecontracting in der deutschen Wohnungswirtschaft:
Instrumente für eine angemessene Regulierung, In: ZfE Zeitschrift für Energiewirtschaft 03/2009, S.237-245, Wiesbaden: Vieweg & Teubner Verlag.

Stelter, Annika (2008): Wertschöpfungsmanagement: Siedlungsentwicklung und Energielogistik in Deutschland im Spannungsfeld von Zentralität und Dezentralität. Universität Bremen, Diss. v. 2008.

Techem (2003): Techem-Studie zum Heizenergieverbrauch in 144 Städten, URL: http://www.techem.de/Deutsch/Unternehmen/Presse/Pressearchiv/Archiv_2003_N/Techem-Studie_zum_Heizenergieverbrauch_in_144_Staedten/tabelle-hev_pdf/tabelle-hev.pdf.

Varna, Aron (2007): Introduction to fuel cell technology, In: Kuang, Ken ;Easler, Keith (2007): Fuel Cells Electronic Packaging, Springer: New York.

Wendt, Prof a.D. Dr. Hartmut (2006): Stationäre Brennstoffzellen, Stand der Entwicklung, Kostensituation, Marktaussichten, In: VDI BWK Bd. 58 (2006) Nr.10, S.46-50.

Vos, Axel (2004): Das <<Bremer Haus>> - Typologie, Geschichte und Gegenwart, S.42-55, In: Skalecki, Georg (Hg.) (2008): Denkmalpflege in Bremen – Schriftenreihe des Landesamtes für Denkmalpflege Bremen 5, 2008, Bremen: Edition Temmen.

Weglage, Andreas (2010): Der Energieausweis – Das große Kompendium, 3. Auflage, Wiesbaden: Vieweg + Teubner.

Zentrum für Umweltbewusstes Bauen e. V. (**ZUB**) (2011): Aneinander gereihte Gebäude, URL: http://www.zub-kassel.de/aneinander-gereihte-gebaeude, 27.03.2011.

Abbildungsverzeichnis

Abbildung 1: Gesamtsystem mit einzelnen Systemkomponenten nach Droste-Franke et al., 2009, S.57. 24

Abbildung 2: Typ Bremer Haus 1 nach Vos, 2004. 35

Abbildung 3: Typ Bremer Haus 2 nach Vos, 2004. 36

Abbildung 4: Typ Bremer Haus 3 nach Vos, 2004. 37

Abbildung 5: Typ Bremer Haus 4 nach Vos, 2004. 38

Abbildung 6: Typischer Bedarf eines Einfamilienhauses an Strom, Heizwärme und Trinkwasser (Leisten et al., 2002, S.7) 41

Abbildung 7: Strombedarf dargestellt als Histogramm und Deckungsgrad (Leinen et al., 2002, S.7) 41

Abbildung 8: (c) Callux - Verschiedene BZH 42

Abbildung 10: Grafische Darstellung des Bedarfs und Erzeugung im BH 2 49

Abbildung 11: Grafische Darstellung des Bedarfs und Erzeugung im BH 3 49

Abbildung 12: Grafische Darstellung des Bedarfs und Erzeugung im BH 4 49

Abbildung 13: Annuitätische mittlere Kosten konventioneller Heiz- und Stromversorgung im Vergleich zu BZH 51

Abbildung 14: Kostenaufteilung der mittleren jährlichen Kosten im BH1 52

Abbildung 15: Kostenaufteilung der mittleren jährlichen Kosten im BH2 53

Abbildung 16: Kostenaufteilung der mittleren jährlichen Kosten im BH3 54

Abbildung 17: Kostenaufteilung der mittleren jährlichen Kosten im BH4 55

Abbildung 18: Eigene Darstellung der möglichen Gaspreisentwicklung 58

Abbildung 19: Fragebogen Kurzverfahren Energieprofil Seite 1, Loga et al., 2005. 78

Abbildung 20: Fragebogen Kurzverfahren Energieprofil Seite 2, Loga et al., 2005. 79

Anhang

Anhang 1: LEG Tabelle

LEG Tabellen

Tabelle 0.1 Annuitäten $a_{p,n}$

Annuitäten $a_{p,n}$ in [1/a]												
Betrachtungszeitraum n, in [a]	Kapitalzinssatz p, in [%/a]											
	0	1	2	3	4	5	6	7	8	9	10	11
1	1,000	1,010	1,020	1,030	1,040	1,050	1,060	1,070	1,080	1,090	1,100	1,110
2	0,500	0,508	0,515	0,523	0,530	0,538	0,545	0,553	0,561	0,568	0,576	0,584
3	0,333	0,340	0,347	0,354	0,360	0,367	0,374	0,381	0,388	0,395	0,402	0,409
4	0,250	0,256	0,263	0,269	0,275	0,282	0,289	0,295	0,302	0,309	0,315	0,322
5	0,200	0,206	0,212	0,218	0,225	0,231	0,237	0,244	0,250	0,257	0,264	0,271
6	0,167	0,173	0,179	0,185	0,191	0,197	0,203	0,210	0,216	0,223	0,230	0,236
7	0,143	0,149	0,155	0,161	0,167	0,173	0,179	0,186	0,192	0,199	0,205	0,212
8	0,125	0,131	0,137	0,142	0,149	0,155	0,161	0,167	0,174	0,181	0,187	0,194
9	0,111	0,117	0,123	0,128	0,134	0,141	0,147	0,153	0,160	0,167	0,174	0,181
10	0,100	0,106	0,111	0,117	0,123	0,130	0,136	0,142	0,149	0,156	0,163	0,170
11	0,091	0,096	0,102	0,108	0,114	0,120	0,127	0,133	0,140	0,147	0,154	0,161
12	0,083	0,089	0,095	0,100	0,107	0,113	0,119	0,126	0,133	0,140	0,147	0,154
13	0,077	0,082	0,088	0,094	0,100	0,106	0,113	0,120	0,127	0,134	0,141	0,148
14	0,071	0,077	0,083	0,089	0,095	0,101	0,108	0,114	0,121	0,128	0,136	0,143
15	0,067	0,072	0,078	0,084	0,090	0,096	0,103	0,110	0,117	0,124	0,131	0,139
16	0,063	0,068	0,074	0,080	0,086	0,092	0,099	0,106	0,113	0,120	0,128	0,136
17	0,059	0,064	0,070	0,076	0,082	0,089	0,095	0,102	0,110	0,117	0,125	0,132
18	0,056	0,061	0,067	0,073	0,079	0,086	0,092	0,099	0,107	0,114	0,122	0,130
19	0,053	0,058	0,064	0,070	0,076	0,083	0,090	0,097	0,104	0,112	0,120	0,128
20	0,050	0,055	0,061	0,067	0,074	0,080	0,087	0,094	0,102	0,110	0,117	0,126
21	0,048	0,053	0,059	0,065	0,071	0,078	0,085	0,092	0,100	0,108	0,116	0,124
22	0,045	0,051	0,057	0,063	0,069	0,076	0,083	0,090	0,098	0,106	0,114	0,122
23	0,043	0,049	0,055	0,061	0,067	0,074	0,081	0,089	0,096	0,104	0,113	0,121
24	0,042	0,047	0,053	0,059	0,066	0,072	0,080	0,087	0,095	0,103	0,111	0,120
25	0,040	0,045	0,051	0,057	0,064	0,071	0,078	0,086	0,094	0,102	0,110	0,119
26	0,038	0,044	0,050	0,056	0,063	0,070	0,077	0,085	0,093	0,101	0,109	0,118
27	0,037	0,042	0,048	0,055	0,061	0,068	0,076	0,083	0,091	0,100	0,108	0,117
28	0,036	0,041	0,047	0,053	0,060	0,067	0,075	0,082	0,090	0,099	0,107	0,116
29	0,034	0,040	0,046	0,052	0,059	0,066	0,074	0,081	0,090	0,098	0,107	0,116
30	0,033	0,039	0,045	0,051	0,058	0,065	0,073	0,081	0,089	0,097	0,106	0,115

Tabelle 16: URL: http://www.delta-q.de/export/sites/default/de/downloads/LEG_Tabellen.pdf

Anhang 2: Fragebogen Energieprofil

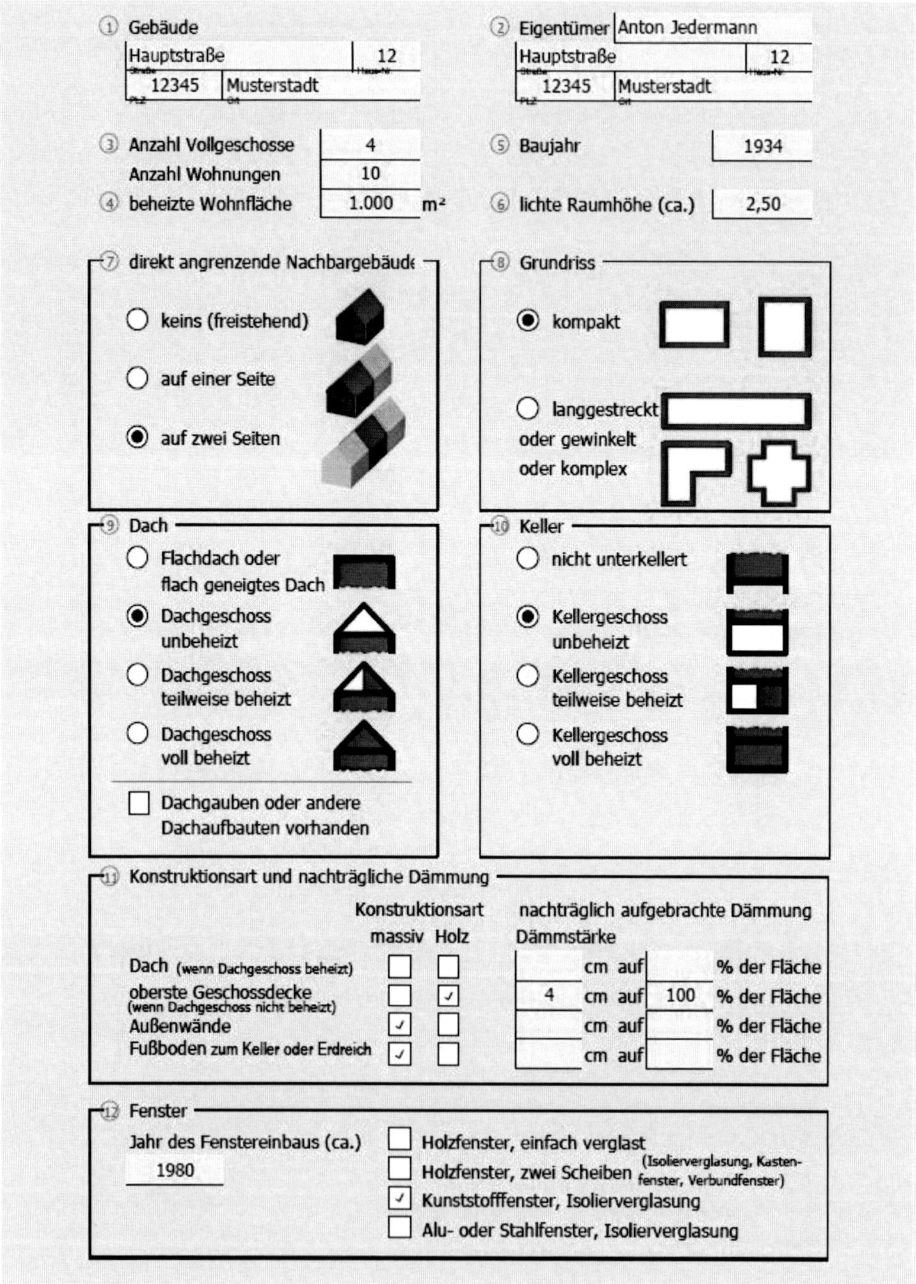

① Gebäude
| Hauptstraße | 12 |
| 12345 | Musterstadt |

② Eigentümer: Anton Jedermann
| Hauptstraße | 12 |
| 12345 | Musterstadt |

③ Anzahl Vollgeschosse: 4
Anzahl Wohnungen: 10
④ beheizte Wohnfläche: 1.000 m²

⑤ Baujahr: 1934
⑥ lichte Raumhöhe (ca.): 2,50

⑦ direkt angrenzende Nachbargebäude
- ○ keins (freistehend)
- ○ auf einer Seite
- ● auf zwei Seiten

⑧ Grundriss
- ● kompakt
- ○ langgestreckt oder gewinkelt oder komplex

⑨ Dach
- ○ Flachdach oder flach geneigtes Dach
- ● Dachgeschoss unbeheizt
- ○ Dachgeschoss teilweise beheizt
- ○ Dachgeschoss voll beheizt
- ☐ Dachgauben oder andere Dachaufbauten vorhanden

⑩ Keller
- ○ nicht unterkellert
- ● Kellergeschoss unbeheizt
- ○ Kellergeschoss teilweise beheizt
- ○ Kellergeschoss voll beheizt

⑪ Konstruktionsart und nachträgliche Dämmung

	Konstruktionsart massiv	Holz	nachträglich aufgebrachte Dämmung Dämmstärke			
Dach (wenn Dachgeschoss beheizt)	☐	☐		cm auf		% der Fläche
oberste Geschossdecke (wenn Dachgeschoss nicht beheizt)	☐	✓	4	cm auf	100	% der Fläche
Außenwände	✓	☐		cm auf		% der Fläche
Fußboden zum Keller oder Erdreich	✓	☐		cm auf		% der Fläche

⑫ Fenster

Jahr des Fenstereinbaus (ca.): 1980

- ☐ Holzfenster, einfach verglast
- ☐ Holzfenster, zwei Scheiben (Isolierverglasung, Kastenfenster, Verbundfenster)
- ✓ Kunststofffenster, Isolierverglasung
- ☐ Alu- oder Stahlfenster, Isolierverglasung

Abbildung 18: Fragebogen Kurzverfahren Energieprofil Seite 1, Loga et al., 2005.

Zentralheizung

◉ Kessel oder Therme

Brennstoff:
- ◉ Erdgas / Flüssiggas
- ○ Heizöl
- ○ Scheitholz / Pellets

Baujahr:
- ○ bis 1986
- ◉ 1987-1994
- ○ ab 1995

bei Gas- oder Ölkessel
Kesseltemperatur ○ konstant ◉ gleitend
☐ mit Brennwertnutzung

○ Elektrospeicher / Elektro-Wärmepumpe

Wärmeerzeugung:
- ○ nur El.-Wärmepumpe
- ○ El.-Wärmep. mit Heizstab
- ○ El.-Wärmep. + Kessel
- ○ nur Elektro-Heizstab

Wärmequelle El.-WP.:
- ○ Außenluft
- ○ Erdreich/Grundw.

Baujahr El.-WP.:
○ bis 1994   ○ ab 1995

○ Fern-/Nahwärme

Wärmeerzeugung:
- ○ Kessel / Heizwerk
- ○ Heizkraftwerk / BHKW
  - ☐ Anteil Wärme aus Kraft-Wärme-Kopplung > 50%

Wärmeverteilung

Baualter / Dämmstandard:
- ○ 50er bis 70er Jahre
  - ☑ nachträgl. gedämmt
- ○ 80er und 90er Jahre
- ○ gedämmt nach EnEV

Wohnungsweise Beheizung

○ Gas-Etagenheizung (Umlaufwasserheizer)
☐ mit Brennwertnutzung

Einbau: ○ bis 1994   ○ ab 1995

Raumweise Beheizung

- ○ Einzelöfen
- ○ Gasraumheizgeräte
- ○ Elektroheizgeräte oder Elektro-Nachtspeicherheizung

Brennstoff für Einzelöfen:
○ Heizöl   ○ Kohle   ○ Holz

Warmwasserbereitung

- ◉ kombiniert mit Zentralheizung (s.o.)
- ○ zentraler Gas-Speicherwassererwärmer
- ○ zentraler Elektro-Speicher
- ○ Kellerluft-/Abluft-Wärmepumpe

- ○ Gas-Etagenheizung (s.o.)
- ○ Gas-Durchlauferhitzer
- ○ Elektro-Durchlauferhitzer
- ○ Elektro-Speicher / -Kleinspeicher

zentrale Warmwasserbereitung:
☑ mit Warmwasserzirkulation
☐ mit thermischer Solaranlage

Baualter / Dämmstandard Wärmeverteilung:
◉ 50er bis 70er Jahre   ○ 80er & 90er Jahre
   ☑ nachträgl. gedämmt   ○ EnEV

Einbau Speicher bzw. Durchlauferhitzer:
◉ bis 1994   ○ ab 1995

Energieverbrauch gemäß letzter Abrechnung des Versorgers

___ Liter Heizöl	___ Raummeter Holz
___ m³ Erdgas oder 200.000 kWh Erdgas	___ Schüttkubikmeter Kohle
___ Liter Flüssiggas	
___ kWh Fernwärme	
___ kWh Strom	

Verbrauchswert für:
○ Heizung (ohne Warmwasser)
◉ Heizung und Warmwasser   im Jahr 2003

Abbildung 19: Fragebogen Kurzverfahren Energieprofil Seite 2, Loga et al., 2005.